中学の知識でオイラーの公式がわかる

$e^{i\pi}=-1$

鈴木貫太郎

光文社新書

はじめに

「人類の至宝」の美しさを感じよう

数学の本は俗に「数式が1つ増えるごとに売上が○○部減る」と言われています。

数学的事実を説明するにはどうしても数式が必要で、しかもそれが数行にわたってしまうのは避けられません。数学がものすごく得意な人でも、＝や⇔で結ばれて改行されていく数式を目で追うだけで理解するのは簡単ではないでしょう（というより多分不可能）。

$a^m = M \Leftrightarrow \log_a M = m$（$a \neq 1$、$a > 0$、$M > 0$）

$a^n = N \Leftrightarrow \log_a N = n$（$N > 0$）

$a^{m+n} = a^m \times a^n = MN$

$a^{m+n} = MN \Leftrightarrow m + n = \log_a MN = \log_a M + \log_a N$

$\therefore \log_a MN = \log_a M + \log_a N$（∴は「ゆえに」を意味する記号）

この文字群だけで内容を理解できる人はほとんどいないはずです。だからと言って、改行ごとに説明文を加えると膨大な分量となって、さらにわかりにくくなることもあります。

数学を理解するのに最適な方法は、数式だけ書かれたものを見て、その式をわかっている人に言葉で説明されることです。本書は、数式部分に関しては著者自身の解説動画をYouTubeで観られるようになっているので、本と動画を併用することによってより一層理解が深まるでしょう。

本書の目的は、「人類の至宝」と呼ばれるオイラーの公式を、中学校までの義務教育で得た最低限の知識から出発して、自分で考えて導けるまでに「理解」することです。ちなみに、映画にもなった小川洋子さんの小説『博士の愛した数式』で、主人公の数学者のお気に入りがこのオイラーの等式「$e^{i\pi}=-1$」です。

ここで、オイラーの公式を「太陽」にたとえてみましょう。

同じ太陽でも、普通に晴れた日に見上げるよりも富士山頂から雲海に浮かぶ姿を眺めるほうが圧倒的に美しく感じるはずです。ご来光に思わず手を合わせて拝みたくなるかもしれません。それは、自分の足で標高3776mの頂《いただき》まで登るという過程を経て、かつ視界を遮るものが一切ない日本一高いところに立って眺めるということが大きな要因でしょう。

人類の至宝、そして「博士の愛した数式」も同じです。いくつもの数学の定義、公式、定理を自分の頭の中で積み上げ、その鑑賞の妨げとなる「無知」を排除し、数学的視界が360度開けた場所からこの公式を眺めてみればその荘厳さは格別に違いありません。

オイラーの公式を富士山頂から眺めるご来光とするならば、ほんの数分間の感動的な日の出を眺めるための約8時間の登山という労力に相当するのが、中学・高校で習う数学の基本定義・公式・定理を自分の頭で「理解」することです。ここで重要なのはあくまで「理解する」ことであって、公式を「覚える」ことではありません。

例えば、直角三角形を使った有名なピタゴラスの定理「$a^2+b^2=c^2$」。これはさすがに知っているという方がほとんどだと思いますが、「証明できますか？」と言われると絶句してしまうのではないでしょうか。あるいは、$y=x^3+3x^2+1$を微分して$y'=3x^2+6x$とすることはできても、なぜそうなるか説明できますか？

数学では自分の力で証明できない公式・定理は、歴史学習における、ある出来事の起きた年号の丸暗記のようなものです。歴史学習で重要なのはその出来事が起こった背景や要因、後に与えた影響等をきちんと文章で表現できることであり、年号は二の次。むしろそれができれば、正確に年号は言えるが歴史的背景等を全く語れない人よりは遥かに歴史通と言えるでしょう。

オイラーの公式とは？ 動画▶Vol.1

$$e^{i\theta}=\cos\theta+i\sin\theta$$

この式がオイラーの公式であり、この式のθ（シータ）にπを代入した、

$$e^{i\pi}=-1$$

これがオイラーの等式です（公式とはそれにどのような値を代入しても成り立つ式で、その公式にある具体的な数値を代入して得られたものが等式）。

この式は、角度・円周率を表すπ（無理数）、対数を微分するために作られたe（無理数）、方程式を解くために無理やり作られたi（imaginary number＝想像上の数＝虚数）、という数学の3大分野、幾何（図形）、解析（微分・積分）、代数（方程式）を結びつけて、その結果が-1というシンプルな整数になるという不思議さが、それを理解した人の心を魅了します。

ちなみに、πは円周／直径と大昔の誰かが定義したのですが、これを人類史上最大の失敗だと言う人もいます。仮にπを円周／半径と定義しておけば、オイ

ラーの等式は$e^{i\pi}=1$となり、より一層美しくなったはずなのです。

この公式・等式には、中学・高校の数学のほぼすべてのエッセンスが詰まっています。それを一つずつ丁寧に積み上げていき、最終的に3776mの頂点からご来光を眺めるがごとく「$e^{i\pi}=-1$」を味わってもらおうというのが本書の目的です。

私自身は高校時代、完全な落ちこぼれで、数学は何度も0点をとったことがあります。大学も数学とは無関係の学部でした。そんな経歴の私が、YouTubeに「中学生の知識でオイラーの公式を理解しよう」というシリーズを投稿して好評を得ることができました。

それは、編集技術が未熟であることが功を奏し、短いカットをつなぎ合わせるなどという発想が元よりなかったこともあります。ときには40分以上にもなる長尺を一遍に撮影するには、理解を伴わない丸暗記では不可能なので、原理原則を根本から習得して自分の言葉で伝えました。それが視聴者に受けたのだと思います。

当初の動画は冗長な部分など不備も多かったため、本書の記述に合わせて動画を撮り直しました。

数学では式変形など、本を目で追うだけでは理解しづらくても、人に説明してもらうとよくわかるということがしばしばあります。ぜひ本書を読みながら動画を観て、さらに理解を深めていただきたいと思います。

学問に王道なし

ある日、視聴者の方から次のようなコメントをいただきました。

「エベレストの山頂に、ヘリコプターで連れていってもらった感じです。実は7年ほど前に『オイラーの贈物』という書籍を購入して、オイラーの公式の証明に挑戦することを退職後の楽しみにしてまいりました。しかし抽象的で複雑な数式を前に、何度も挫折し見果てぬ夢に終わりかけていました。そこでこの動画と出会えました。食い入るように4日間拝見させていただきました。今は爽快な気分です。感動をありがとうございました」

この方は「エベレストの山頂にヘリコプターで……」と表現されていますが、動画は高校数学の基礎から始めて全部で6時間程の長さなので、そこまで一気に楽をして頂上に登ったわけではありません。一つ一つの定理・公式を理解しながら進むので、登山のように自分の足で一歩ずつ登らなければならないとまずは認識してください。「学問に王道なし」はやっぱり真実で、オイラーの公式に限らず、短時間で楽にすべてがわかるというような謳い文句の本は眉唾ものであると思って間違いありません。

頂上までの道のり

以下、本書の構成、すなわちオイラーの公式をモノにするまでの道筋を富士登山にたとえて示してみます。

1合目〜4合目／「中学数学」

ここまでは自力で到達してください。といっても、直線の式を導けて因数分解ができれば十分です。

5合目以降はすべて、単に知っているというレベルではなく定理・公式をしっかり理解をしながら進めていきます。

5合目／・$a^2+b^2=c^2$, $\sin^2\theta+\cos^2\theta=1$

・「余弦定理」 $c^2=a^2+b^2-2ab\cos\theta$

・「加法定理」 $\sin(\alpha\pm\beta)$

$=\sin\alpha\cos\beta\pm\cos\alpha\sin\beta$ （いずれの式も複号同順）

$\cos(\alpha\pm\beta)$

$=\cos\alpha\cos\beta\mp\sin\alpha\sin\beta$ （いずれの式も複号同順）

6合目／・微分の定義　$f'(x)=\lim_{h\to 0}\frac{f(x+h)-f(x)}{h}$

・微分公式の証明　$y=x^n$, $y'=nx^{n-1}$

7合目／対数の性質　$\log_a MN=\log_a M+\log_a N$,

$\log_a \frac{M}{N}=\log_a M-\log_a N$

$\log_a M^n=n\log_a M$, $\log_a b=\frac{\log_c b}{\log_c a}$

8合目／・弧度法を使う意味「なぜ360°を2πとするのか」

・sin、cosの微分　$\lim_{x\to 0}\frac{\sin x}{x}=1$

$(\sin x)'$

$=\lim_{h\to 0}\frac{\sin(x+h)-\sin x}{h}$

$=\cos x$

9合目／・ネイピア数eの正体　eの定義

・なぜ　$y=e^x$, $y'=e^x$

・対数の微分　$y=\log_e x$, $y'=\frac{1}{x}$

・複素数の意味

・ド・モアブルの定理　$(\cos\theta + i\sin\theta)^n$

$$= \cos n\theta + i\sin n\theta$$

・なぜ $5^0 = 1$，$5^{-2} = \frac{1}{5^2}$，$5^{\frac{1}{2}} = \sqrt{5}$，$0! = 1$

山　頂／・本丸「$e^{i\pi} = -1$」

$$e^x = 1 + \frac{x}{1!} + \frac{x^2}{2!} + \frac{x^3}{3!} \cdots\cdots$$

$$\cos x = 1 - \frac{x^2}{2!} + \frac{x^4}{4!} + \cdots\cdots$$

$$\sin x = \frac{x}{1!} - \frac{x^3}{3!} + \cdots\cdots$$

・ド・モアブルの定理

$$e^{i\theta} = \left(\cos\frac{\theta}{n} + i\sin\frac{\theta}{n}\right)^n = \cos\theta + i\sin\theta$$

・2つのアプローチで「$e^{i\pi} = -1$」を示す

下　山／・バーゼル問題

・円とは無関係な数列の和に π が出現！

$$\frac{1}{1^2} + \frac{1}{2^2} + \frac{1}{3^2} + \frac{1}{4^2} + \cdots\cdots + \frac{1}{n^2} = \frac{\pi^2}{6}$$

〈本書の解説動画の探し方〉

YouTubeのサイトに行く

↓

鈴木貫太郎で検索

↓

私の顔をクリック

↓

再生リストをクリック

↓

光文社新書「中学の知識でオイラーの公式がわかる」をクリック

動画は全部で20あり、本書の小見出しに付けた番号のものをあわせてご覧くださると、理解はさらにスムーズかつ確実になるはずです。

contents

はじめに

第1章 「三角関数」って何？

第2章 「微分」入門

装丁・本文／明昌堂印刷

第1章

「三角関数」って何？

ピタゴラスの定理を証明できますか？ 動画▶Vol.2

オイラーの等式「$e^{i\pi}=-1$」は、オイラーの公式「$e^{i\theta}=\cos\theta+i\sin\theta$」の$\theta$に$\pi$を代入したときに成立する式なので、まずはsin、cosについて学ばなければなりません。sin、cosは直角三角形の辺の比（後に定義を広げます）を元にしたもので、直角三角形の重要な定理であるピタゴラスの定理（三平方の定理）をきちんと証明できなければ話が始まりません。三平方の定理の証明は何通りもありますが、一番簡単なものをご紹介しましょう。

合同な直角三角形を4つ図1のように並べると、大きな正方形の中に小さな正方形ができます。そこから面積に関する等式を作ると、

$$(a+b)^2-4\times\frac{ab}{2}=c^2$$

これを展開して整理すれば、

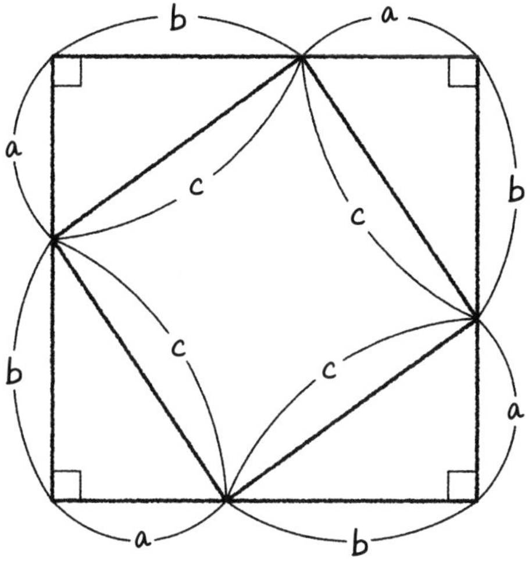

図1　合同の直角三角形を並べた図

$a^2+2ab+b^2-2ab=c^2$

$a^2+b^2=c^2$（証明終わり）

　というように、とても簡単なことなのですが、公式丸暗記の人はこんな証明もないがしろにするので、結局深い理解につながっていかないのです。

sin、cosの定義

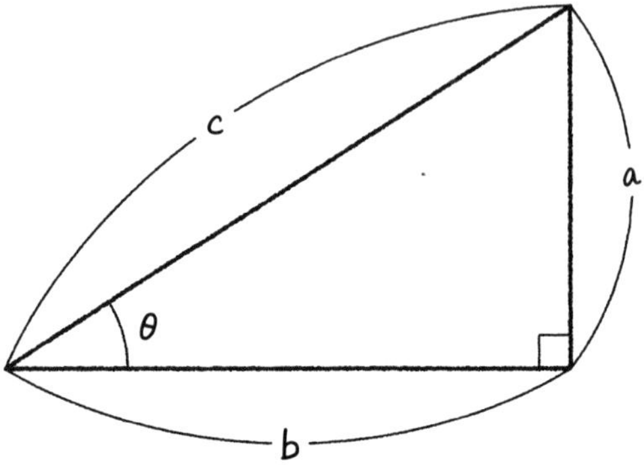

図2　sin、cosを定義する直角三角形

sin、cosの定義は直角三角形の辺の比であり、上の図2を用いると、

$$\sin\theta = \frac{a}{c},\quad \cos\theta = \frac{b}{c}$$

このように表されます。この定義と、三平方の定理から$\sin^2\theta + \cos^2\theta = 1$という公式が得られます。証明は至って簡単。

$$\sin\theta = \frac{a}{c},\quad \cos\theta = \frac{b}{c}$$

$$\left(\frac{a}{c}\right)^2 + \left(\frac{b}{c}\right)^2 = \frac{a^2}{c^2} + \frac{b^2}{c^2} = \frac{a^2+b^2}{c^2} = 1\quad (\because a^2+b^2=c^2)$$

定義の拡張

高校1年のとき、sin、cosを習ってしばらく学習が進んでいくと、ある日突然、$\sin 150° = \frac{1}{2}$などが登場して戸惑った人もいるのではないでしょうか？　直角三角形に150°の角などありえませんから。

これは一般に「概念の拡張」または「定義の拡張」（正式な数学用語かどうかは不明）と呼ばれるもので、数学ではしばしば行われます。

人類が数を使い始めた頃は自然数だけしか考えませんでしたが、徐々に負の数も分数も少数もルートの数もと概念を拡張してきました。指数は当初、$5^3 = 5\times5\times5$のように自然数のみを想定していましたが、5^0、5^{-2}、$5^{\frac{1}{2}}$なども定義するようになりました。

数学者は、基本的に公式・定理に代入する数をなるべく限定しないようにしたいという願望を持っています。なので、$\sin\theta$、$\cos\theta$ の θ に代入する数も直角三角形における定義のままならば90°未満に限定されてしまいますが、角度は1周360°あるし（なぜ弧度法を使うかを説明するまでは度数法で表記します）、ぐるぐる何度も回れば360°以上も、反対に回ればマイナスの角度も考えたくなるのが数学心。

そこで、定義を拡張するために単位円というものを考え、そこに元々の定義の直角三角形を第一象限に書きます（図3）。元々の定義に従えば、

$\sin\theta=\dfrac{AH}{OA}=\dfrac{AH}{1}=AH$、すなわち点Aの$y$座標と一致します。同様に$\cos\theta=OH$、となり点Aの$x$座標と一致します。すなわちA（$\cos\theta$、$\sin\theta$）で、これは点Aが第一象限にある場合は常に成り立ちます。

そこで、図4のように θ が90°を超えても単位円周上の点は、x座標を$\cos\theta$、y座標を$\sin\theta$と定義してみることにしてみます。このように定義してもsin、cos

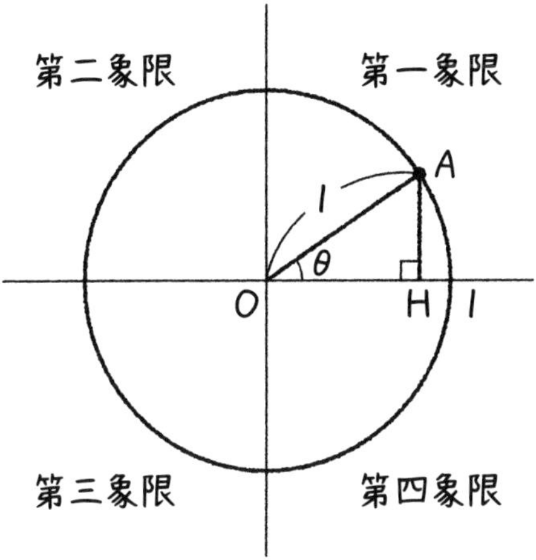

図3

の基本公式である、

$$\sin^2\theta+\cos^2\theta=1$$

が成り立つならば定義として都合がよさそうです。

ここで、θを$90°$以上にしても$\sin^2\theta+\cos^2=1$が成り立つことを証明してみましょう。

まず座標上の2点間の距離を求める式を導きます

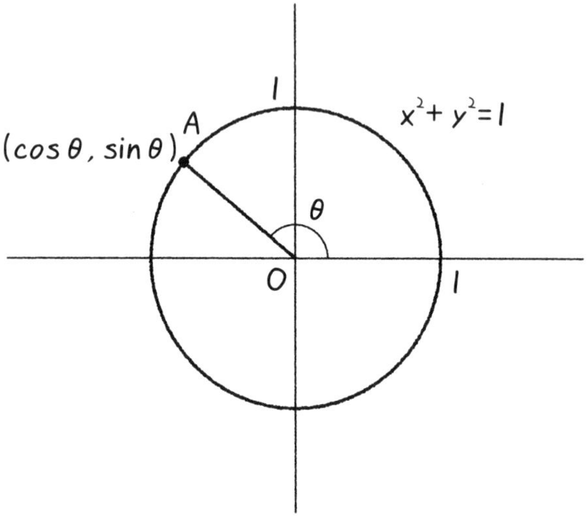

図4　原点を中心とした半径1の単位円

（図5参照）。それには三平方の定理を用いて、

$\mathrm{A}(x_1, y_1)$,　$\mathrm{B}(x_2, y_2)$

$\mathrm{AB}^2=(x_1-x_2)^2+(y_1-y_2)^2$

このように定められます。

これを利用して、Bが原点O（0, 0）の場合、

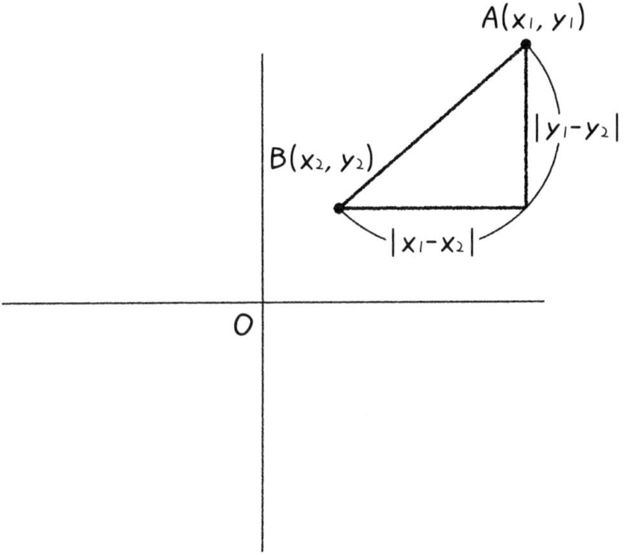

図5　座標上に置いた直角三角形

$OA^2 = x_1^2 + y_1^2$。そしてAが半径1の円周上にあるならば、$OA^2 = 1$なので$x^2 + y^2 = 1$という円の方程式が得られます。

さらに、半径1の単位円（$x^2 + y^2 = 1$）の周上のx座標を$\cos\theta$、y座標を$\sin\theta$とすれば円の方程式に代入して、$x^2 + y^2 = 1$となり、$\theta \geqq 90°$の場合でも成立して整合性が保たれます。

余弦定理 動画▶Vol.3

本書の目的は、オイラーの等式「$e^{i\pi}=-1$」を理解することです。まだるっこしい数式・定理はいいから早く結論を言ってほしいと思う気持ちもわからないではありません。

しかし、数学は一つ一つプロセスを積み上げていく学問なので、この余弦定理も直接的にはオイラーの等式とは関係ありませんが、この定理は加法定理に結びつき、加法定理を使わないとありとあらゆるsin、cosの定理が導けないので避けて通ることはできないのです。とはいっても、三平方の定理のちょっとした応用なので証明は簡単です。ではやってみましょう。

図6の△ABCを2つの直角三角形、△ACHと△ABHに分けます。両者でピタゴラスの定理を用いて、AH^2で結びつけます。

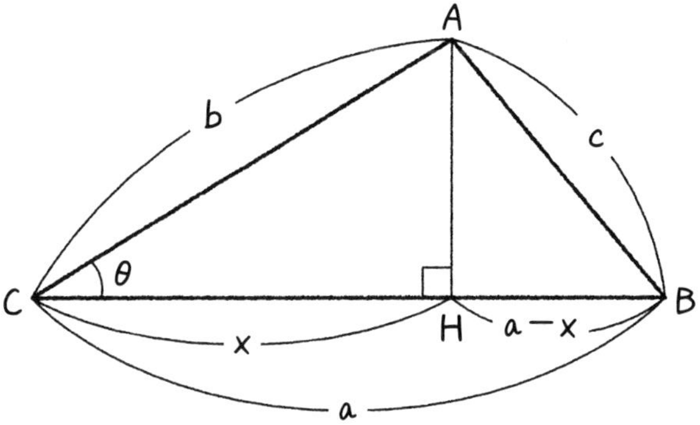

図6　余弦定理を求めるための三角形

そのためにまずは、CH、BHをθを用いて表します。

$\cos\theta=\dfrac{x}{b}$、$x=b\cos\theta$だからCH$=b\cos\theta$、BH$=a-b\cos\theta$となります。

そして、△ACHと△ABHそれぞれにおいて三平方の定理を用いて、AH^2を表して結びつけましょう。

$$\mathrm{AH}^2=b^2-(b\cos\theta)^2$$

$$\mathrm{AH}^2=c^2-(a-b\cos\theta)^2$$

$$b^2-(b\cos\theta)^2=c^2-(a-b\cos\theta)^2$$

$$b^2-(b\cos\theta)^2=c^2-a^2+2ab\cos\theta-(b\cos\theta)^2$$

$$c^2=a^2+b^2-2ab\cos\theta$$

加法定理 動画▶Vol.4

〈加法定理〉 $\sin(\alpha\pm\beta)=\sin\alpha\cos\beta\pm\cos\alpha\sin\beta$

（いずれの式も複号同順）

$\cos(\alpha\pm\beta)=\cos\alpha\cos\beta\mp\sin\alpha\sin\beta$

（いずれの式も複号同順）

「咲いたコスモスコスモス咲いた」「コスモスコスモス咲いた咲いた」――これは、加法定理を覚えるための語呂合わせで、年代や地域によっていろいろなバージョンがあるようです。丸暗記で使っている定理の代表格でしょう。実際に使用頻度も高く、私も問題を解く際には頭の中で「咲いたコスモス……」と呪文を唱えています。

しかし、だからといって証明が不要なわけではありません。小・中学校の頃は錐《すい》や球の体積を証明抜きで覚えさせられましたが（私は小・中学生にも納得のいく解説を動画にしています）、高校数学において証明抜きで覚えるだけの定理・公式などはありません。そこを勘違いしてほとんどの定理・公式を理屈抜きで覚えて済ませている人が多いから、足腰の弱い脆弱《ぜいじゃく》な数学力となり、そして面白味も感じることができずにいるのです。

東大はそんな上っ面《つら》だけの理解の急所をついてきます。

1999年東大入試問題

一般角 α 、 β に対して

$$\sin(\alpha+\beta)=\sin\alpha\cos\beta+\cos\alpha\sin\beta$$

$$\cos(\alpha+\beta)=\cos\alpha\cos\beta-\sin\alpha\sin\beta$$

を証明せよ。　（問題文を一部改変）

この問題の正答率はすこぶる悪かったそうです。さすがに「呪文」を書いた受験生はいないと思いますが……。

では、ちょっと大変ですが頑張ってついてきてください。

図7のように単位円周上に、$A(\cos\alpha, \sin\alpha)$、$B(\cos\beta, \sin\beta)$をとります。

$OA=OB=1,\quad \angle AOB=\alpha-\beta$

距離の公式より、

$AB^2=(\cos\alpha-\cos\beta)^2+(\sin\alpha-\sin\beta)^2$

△OABで余弦定理を用いると、

$AB^2=OA^2+OB^2-2OA\cdot OB\cos(\alpha-\beta)$

$(\cos\alpha-\cos\beta)^2+(\sin\alpha-\sin\beta)^2=1+1-2\cos(\alpha-\beta)$

$\therefore\cos^2\alpha-2\cos\alpha\cos\beta+\cos^2\beta+\sin^2\alpha-2\sin\alpha\cos\beta$

$+\sin^2\beta=1+1-2\cos(\alpha-\beta)$

公式$\sin^2\theta+\cos^2\theta=1$より

$1+1-2(\cos\alpha\cos\beta+\sin\alpha\sin\beta)=1+1-2\cos(\alpha-\beta)$

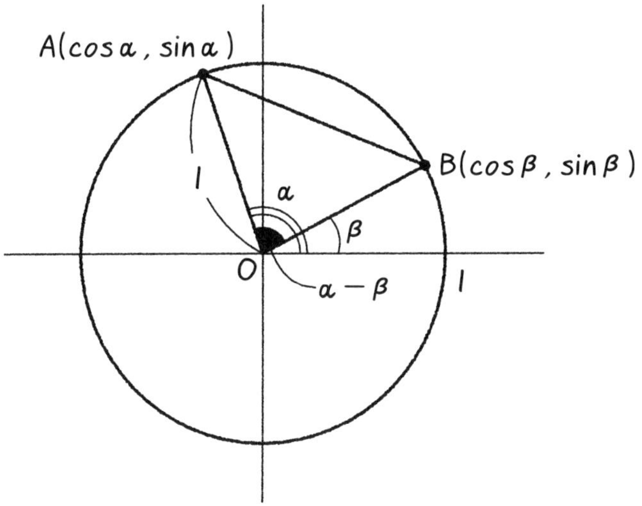

図7　加法定理を求めるための単位円1

$$\cos(\alpha-\beta)=\cos\alpha\cos\beta+\sin\alpha\sin\beta$$

これが導けたら後は、
$\sin(-\theta)=-\sin\theta$，$\cos(-\theta)=\cos\theta$　であることを利用して、

$$\cos(\alpha+\beta)=\cos\{\alpha-(-\beta)\}$$

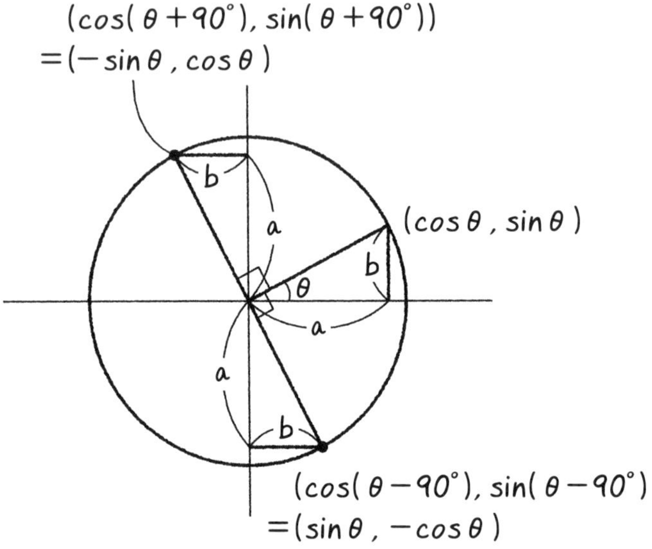

図8　加法定理を求めるための単位円2

$$=\cos\alpha\cos(-\beta)+\sin\alpha\sin(-\beta)$$

$$=\cos\alpha\cos\beta-\sin\alpha\sin\beta$$

$\sin\theta=\cos(\theta-90°)$, $\sin(\theta+90°)=\cos\theta$ を利用して（図8参照）、

$\sin(\alpha+\beta)=\cos(\alpha+\beta-90°)$

$$=\cos\alpha\cos(\beta-90^\circ)-\sin\alpha\sin(\beta-90^\circ)$$

$$=\cos\alpha\sin\beta+\sin\alpha\cos\beta$$

$$=\sin\alpha\cos\beta+\cos\alpha\sin\beta$$

$$\sin(\alpha-\beta)=\sin\{\alpha+(-\beta)\}$$

$$=\sin\alpha\cos(-\beta)+\cos\alpha\sin(-\beta)$$

$$=\sin\alpha\cos\beta-\cos\alpha\sin\beta$$

第2章

「微分」入門

微分とは 動画▶Vol.5

英語を日本語に訳すとき、元々両者にあったものなら、例えば木＝treeのように対応させればいいだけですが、そもそも日本語になかったものや概念が輸入されるときには、それに対応する日本語を作る必要があります。数学用語のほとんどは、輸入されたときに対応する日本語が存在していなかったので苦心して和訳したのでしょう。

個人的に失敗だと思っている和訳は、complex number＝複素数（実数と虚数という「素《もと》」となる数が混じったという意味でしょう。2、3、5、7……の素数＝prime numberと関係がありそうだと勘違いする）、scalar product/dot product＝内積、vector product/cross product＝外積（内積は2つのベクトルのなす角を求めるための演算、外積は空間において2つのベクトルの双方に垂直なベクトルを求めるための演算。積といえば、「掛け算の結果」と小学校で習うため、内積・外積も掛け算に関係すると勘違いするし、そもそも内側でも外側でもない）などで、変な誤解を招きかねない訳だと思っています。一方、differential＝微分は「微《かす》かに増える分」という微分の定義をよく表している点で名訳であると思います。

微分とはその名訳の通り、「瞬間における増加量」のことです。順を追ってもう少し詳しく説明しましょう。

中学2年生で一次関数$y=ax+b$というものを習いました。日常生活で役に立たないと言われがちな数学でも関数は、「1g5円のお茶を○○g買って100円の茶筒に入れたら△△円といった関係」「時速30kmで○○時間走ったときの距離は△△km」など、普段でも計算することがあり馴染みがあるでしょう。

これらはグラフを描くと直線になり、その傾きは、それぞれお茶1gの値段、時速30kmを表し、ともに一定の値なので途中で変わることはありません。

高い所から物体を落下させたとき（自由落下運動）

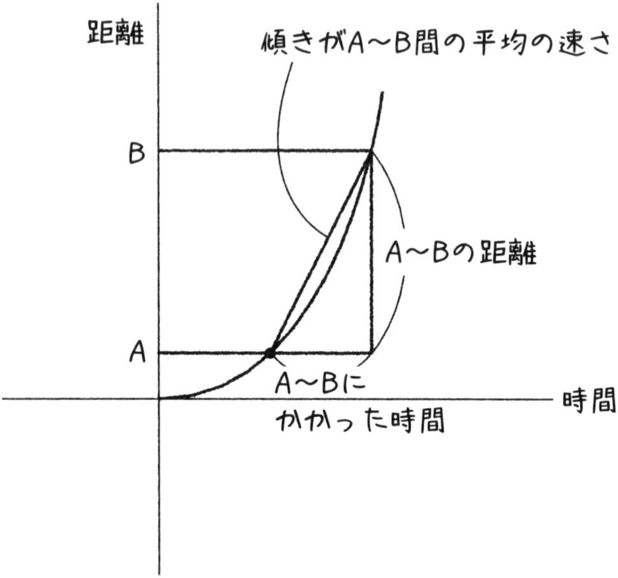

図9　自由落下運動の放物線

のその物体の速度は、地球の重力という力が加わり続けるので、速度が一定の割合で増えていきます。

横軸に時間、縦軸に移動距離をとると、速度一定の運動の場合、グラフは直線になり、その傾きが速度を表します。一方、自由落下運動の場合、グラフは曲線（二次関数・放物線）になり、速度をグラフから見て

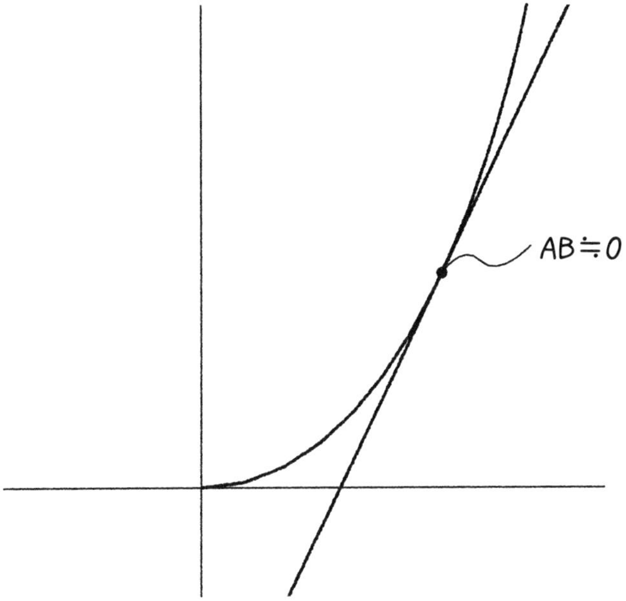

図10　ABの距離を限りなく0に近づけた場合

とることはできません。自由落下運動においては、速度は刻一刻と変化しているので、どの区間における速度なのかを指定しなければ答えようがないのです。

速度は、$\frac{距離}{時間}$で求めるので、自由落下運動のグラフ上で2点を選んで直線で結べば、縦の変化が距離の

変化で、横の変化が時間の変化なので、その間における平均の速さはその結んだ直線の傾きで表されます。（図9参照）

ここで、選ぶ2点の間隔をどんどん狭めていくとどうなるでしょうか。2点の距離が限りなく0に近づくと、その傾きは「瞬間」における速度を表し、直線は曲線と接します（図10）。

微分とは、$\frac{y\text{の増加量}}{x\text{の増加量}}$という変化の割合（＝直線の傾き）の$x$の増加量を限りなく0に近づけた値であり、すなわち接線の傾きを求める式のことです。

〈微分の定義式〉 $f'(x)=\lim_{h\to 0}\frac{f(x+h)-f(x)}{h}$

xのn次式の微分公式の証明：

まずa^n-b^nを因数分解すると以下のようになります。

$$a^n-b^n=(a-b)(a^{n-1}+a^{n-2}b+a^{n-3}b^2+a^{n-4}b^3\cdots\cdots$$

$$+ab^{n-2}+b^{n-1})$$

これを用いて、xのn次式の微分公式を導いてみます。

$$(x^n)'=\lim_{h\to 0}\frac{(x+h)^n-x^n}{h}$$

$$=\lim_{h\to 0}\frac{(x+h-x)\{(x+h)^{n-1}+(x+h)^{n-2}x+(x+h)^{n-3}x^2+\cdots\cdots+x^{n-1}\}}{h}$$

hで約分して、

$$=\lim_{h\to 0}\{(x+h)^{n-1}+(x+h)^{n-2}x+(x+h)^{n-3}x^2+\cdots\cdots+x^{n-1}\}$$

分母からhが消えたので、$h=0$を代入すると、

$$x^{n-1}+x^{n-1}+x^{n-1}+\cdots\cdots+x^{n-1}=nx^{n-1}$$

時間と距離の関係が曲線になる理由 動画▶Vol.6

中学校の理科で習う「慣性の法則」とは、力が加わらない限り物体はそのままの状態であり続けるという法則で、止まっているものはそのまま止まり続け、動いているものはそのまま動き続けるという法則です。身の回りで動いているものが止まってしまうのは摩擦や空気抵抗といった力が加わっているからです。摩擦も空気抵抗もない宇宙で大谷翔平が時速100マイルのストレートを投げれば星にぶつからない限り永遠に時速100マイルで進み続けるはずです。

宇宙空間での大谷の100マイルのストレートのように、最初だけ力が加えられて放たれた物体は、その後速度が速くなる理由も遅くなる理由もないので同じ速さで進み続けます。それが「等速直線運動」です。

等速直線運動の様子を横軸に時間、縦軸に距離を取ると図11のようになります。

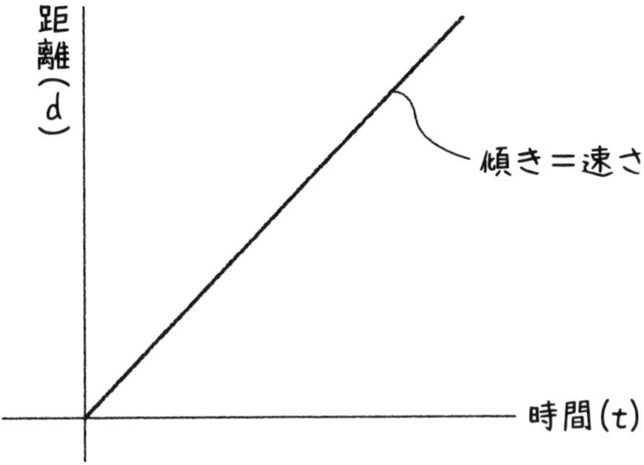

図11　等速直線運動のグラフ（*d*-*t*）

時間・距離は横軸・縦軸で表されますが、もう一つ大事な要素である「速さ」はどこに表されているかというと、それは直線の傾きです。傾きが急ならそれだけ速度が速いということになります。

では次に、同じ等速直線運動で今度は横軸に時間、縦軸に速さを取ると図12のようになります。

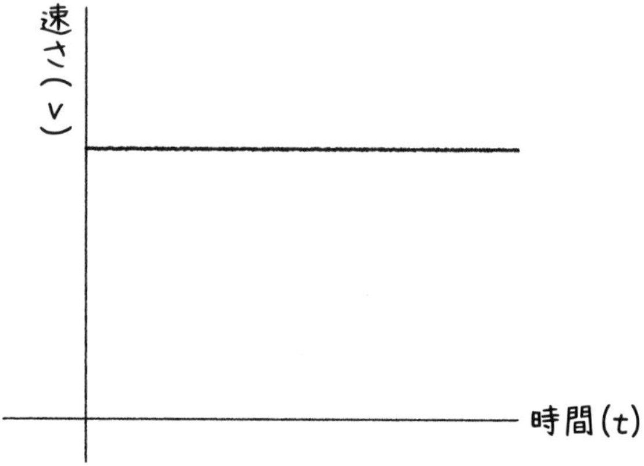

図12　等速直線運動のグラフ（v-t）

すると、もう一つの要素である距離はどこに表されているでしょうか。距離＝速さ×時間　なので、横軸とグラフによって囲まれた面積が距離を表します（図13）。

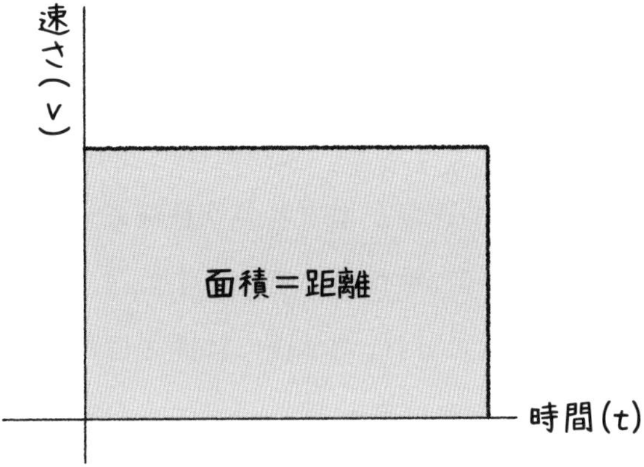

図13　距離は四角形の面積で表される

等加速度直線運動

物体に力が加われば速度は変化します。その力が常に一定であれば速度の変化も一定の割合となります。

勢いよく押し出した台車が徐々にゆっくりとなってついに止まってしまうのは、進行方向とは逆に摩擦や空気抵抗といった力が加わり続けたため速度も一定の割合で遅くなっていったのです。

地球上で、物体を高い所から落とすと速度がどんどん増していくのはその物体に重力という力が加わり続けているからです。加わる力が一定なので速度も一定の割合で増していきます。その値は約9.8m/秒^2（1秒間に9.8m/秒ずつ速度が増すという意味で$\frac{9.8\text{m/秒}}{\text{秒}}$という式から、秒に2乗がついています)。したがって、地球上で物を落とせば、3秒後には速さは秒速約30m＝108km/時にもなります。

このような運動が等加速度直線運動です。では、この運動の様子もグラフにしてみましょう。

まずは横軸に時間（t）縦軸に速さ（v）（velocity）をとると、図14のような正比例のグラフになります。そして、自由落下運動の場合、直線の傾きは9.8なので、グラフの式は$v=9.8t$となります。

では、距離はどこに表されているかというと、等速直線運動の時と同様に考えて、横軸とグラフによって囲まれた面積とすれば、三角形の面積なので、

$t\times 9.8t\div 2=4.9t^2$となります（図15参照)。

これによって、等加速度直線運動（この場合は自由

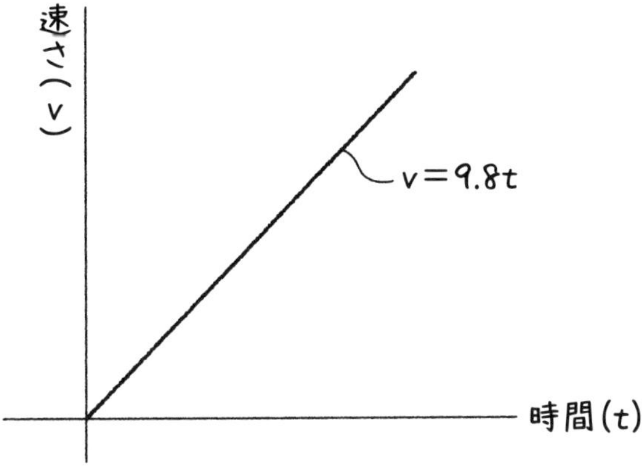

図14　等加速度直線運動のグラフ

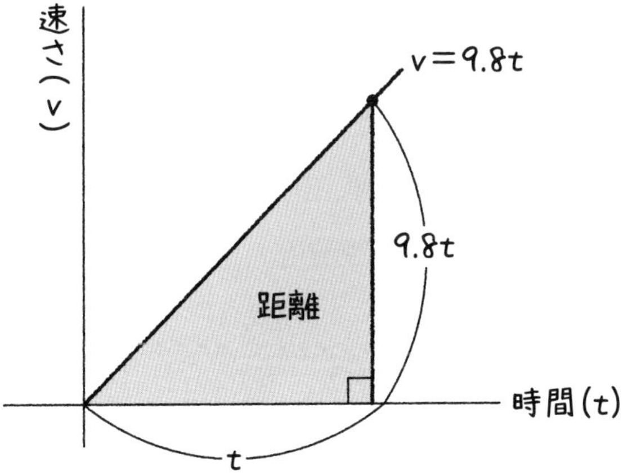

図15　距離は三角形の面積で表される

落下運動）における時間と距離の関係式d（distance）$=4.9t^2$が得られました。したがって横軸に時間、縦軸に距離のグラフを書くと二次関数の放物線を描くことになります。

等速直線運動の場合、d—tグラフでは速さはグラフの傾きでしたが、等加速度直線運動では二次関数になり、二次関数には傾きはありません。では、速さはどこに表されているのでしょうか。

二次関数に傾きはありませんが、とある2点間の「変化の割合」ならあります。その2点の距離を限りなく0に近づけていけば、瞬間における変化の割合、すなわち接線の傾きなので、そこに等加速度直線運動の速さが表されています（図16）。

瞬間における変化の割合といえば「微分」です。$d=4.9t^2$を微分すれば$d'=9.8t$となり、v-tグラフにおける直線の式が得られました。ちなみに、等速直線運動においてもd-tグラフにおける式、$d=at$（aは速さ）を微分すれば$d'=a$となりv-tグラフにおける横一直線

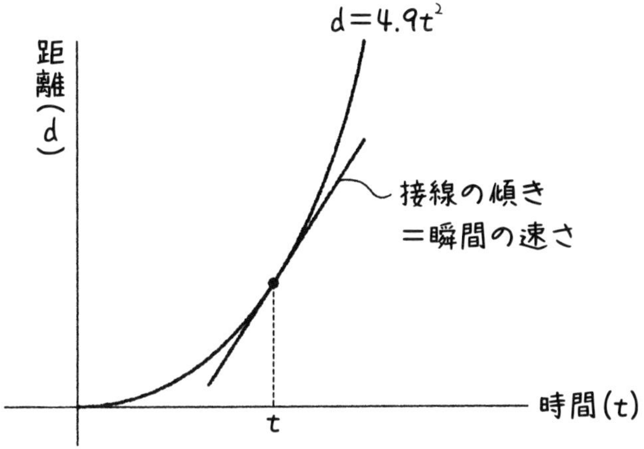

図16　等加速度直線運動のグラフと接線の傾き

の式と一致します。

関数の和の微分、関数の積の微分 動画▶Vol.7

$\{f(x)+g(x)\}'=f'(x)+g'(x)$

この証明は微分の定義に従えば簡単です。

$$\lim_{h \to 0} \frac{\{f(x+h)+g(x+h)\}-\{f(x)+g(x)\}}{h}$$

$$=\lim_{h\to 0}\left\{\frac{f(x+h)-f(x)}{h}+\frac{g(x+h)-g(x)}{h}\right\}$$

$$=f'(x)+g'(x)$$

一方、積の微分は、$\{f(x)g(x)\}'=f'(x)g'(x)$ というわけにはいきません。

ダメであることの証明は成り立たない例を一つ挙げれば十分です。

$x^5=x^3\times x^2$

$(x^5)'=5x^4$

$\{f(x)g(x)\}'=f'(x)g'(x)$ が成り立つなら、

$(x^3\times x^2)'=3x^2\times 2x=6x^3$ となり一致しません。

では、積の微分はどのような式になるでしょうか。ここでもまずは定義に従って式を立てます。

$$\{f(x)g(x)\}'=\lim_{h\to 0}\frac{f(x+h)g(x+h)-f(x)g(x)}{h}$$

ここで分子に謎の隙間を作ります。

$$\lim_{h \to 0} \frac{f(x+h)g(x+h) \qquad\qquad\qquad\qquad -f(x)g(x)}{h}$$

隙間を空けただけなので式の値は変わっていません。その隙間に0を入れてもやはり式の値は変わりません。そこで0は0でもただの0ではなく、$-3+3$のような正負が反対の数や式の和としての0を入れてみます。（こういった発想は高校数学の問題を解くときにしばしば登場するので身につけておきたいテクニックの一つです）

$-f(x+h)g(x)+f(x+h)g(x)=0$を分子の隙間に挿入

$$\lim_{h \to 0} \frac{f(x+h)g(x+h)-f(x+h)g(x)+f(x+h)g(x)-f(x)g(x)}{h}$$

分子を前半と後半に分けます。

$$\lim_{h \to 0} \left[\frac{\{f(x+h)g(x+h)-f(x+h)g(x)\}}{h} \right.$$

$$+\frac{\{f(x+h)g(x)-f(x)g(x)\}}{h}\Bigg]$$

共通因数で括ります

$$\lim_{h\to0}\Bigg[\frac{f(x+h)\{g(x+h)-g(x)\}}{h}+\frac{g(x)\{f(x+h)-f(x)\}}{h}\Bigg]$$

$$=\lim_{h\to0}\{f(x+h)g'(x)+g(x)f'(x)\}$$

hに0を代入して、

$$f(x)g'(x)+g(x)f'(x)$$

となります。

第3章

「対数」を身につけよう

「指数」について解くには？ 動画▶Vol.8

3つの数字の関係、例えば、$a \times b = c$のような場合、$a = \frac{c}{b}$、$b = \frac{c}{a}$、$c = ab$のように、すべての文字について解くことができます。では、$a^b = c$の場合はどうでしょうか。$b = 2$なら、中学校で平方根を習ったので、$a = \sqrt{c}$と表せます。bが3以上の場合は、n乗根という記号で$a = \sqrt[b]{c}$と表すことができます。

しかし、「$b =$」の形にするには新たな記号を作るしかありません。それがlogで$b = \log_a c$と表すと定義しました（$a \neq 1$、$a > 0$、$c > 0$）。

対数は、掛け算は足し算に、割り算は引き算に、累乗は掛け算にすることができます。これによって、膨大な桁数の計算に悩まされてきた天文学者の労力を相当軽減しました。「対数の発見が天文学者の寿命を倍にした」と言われる所以《ゆえん》です。

〈対数の性質〉

① $\log_a MN = \log_a M + \log_a N$

② $\log_a \dfrac{M}{N} = \log_a M - \log_a N$

③ $\log_a M^2 = \log_a MM = \log_a M + \log_a M = 2\log_a M$

【①の証明】

$a^m = M \Leftrightarrow \log_a M = m$

$a^n = N \Leftrightarrow \log_a N = n$

$a^{m+n} = a^m \times a^n = MN$

$a^{m+n} = MN \Leftrightarrow m + n = \log_a MN = \log_a M + \log_a N$

$\therefore \log_a MN = \log_a M + \log_a N$

【②の証明】

$a^{m-n} = a^m \div a^n = \dfrac{M}{N}$

$a^{m-n} = \dfrac{M}{N} \Leftrightarrow m - n = \log_a \dfrac{M}{N} = \log_a M - \log_a N$

$\therefore \log_a \dfrac{M}{N} = \log_a M - \log_a N$

【③の証明】

$\log_a M^2 = \log_a MM = \log_a M + \log_a M = 2\log_a M$

一般的に、$\log_a M^n = n\log_a M$

〈底の変換公式〉　$\log_a b = \dfrac{\log_c b}{\log_c a}$

【証明】

$\log_a b = t \Leftrightarrow a^t = b$（$a \neq 1$、$a>0$、$b>0$）

等号で結ばれているなら両辺に同じ記号をつけても等号は成り立つので、両辺に$\log_c$をつける（対数をとるといいます）。

$a^t = b$の両辺に$\log_c$をつける

$\log_c a^t = \log_c b \Leftrightarrow t\log_c a = \log_c b \Leftrightarrow t = \log_a b = \dfrac{\log_c b}{\log_c a}$

桁数と最高位の数字を求める 動画▶Vol.9

指数関数のグラフ（$y=a^x$ $a>1$）を概形だけ意識して手描きすると図17左のような感じになり、(0, 1)を通って右上がりの滑らかな曲線を描きますが、実際には図17右のようなほぼ垂直上昇です。xが大きくなるとyの値はそれこそ天文学的数字になってしまいます。

化学でアボガドロ定数というものを習います。物質

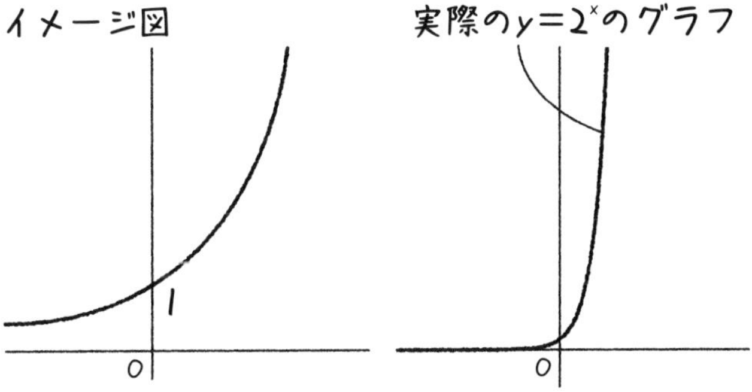

図17　指数関数グラフのイメージと実際

量1molあたりの原子・分子の数を示す602214199……という24桁の数字です（6022垓《がい》1419京《けい》……）。垓や京など日常生活ではまず使わない大きな数字で、これくらいデカイともはや下の桁の数字はどうでもよくなってきます。そこでアボガドロ定数は6.02×10^{23}といった表記をします。上3桁が602の24桁の数字という意味です。

このような大きな数というのは指数計算に頻繁に登場します。同じ2と100を使った演算でも、2＋100＝102、2×100＝200はともに3桁で収まりますが、2^{100}は、126穣《じょう》7650秭《じよ》6002垓……という31桁の数になってしまいます。指数は足し算掛け算と比べてまさに桁違いです。

このような指数関数で大きくなってしまう数を実際に累乗して計算するのではなく、「上から数桁の数字」と「桁数」だけを求めるのに役立つのが対数です。

そのためには、常用対数表というものを作らなければなりません。常用対数表というのは図18のような

図18　常用対数表

数	0	1	2	3	4	5	6	7	8	9
1.0	.0000	.0043	.0086	.0128	.0170	.0212	.0253	.0294	.0334	.0374
1.1	.0414	.0453	.0492	.0531	.0569	.0607	.0645	.0682	.0719	.0755
1.2	.0792	.0828	.0864	.0899	.0934	.0969	.1004	.1038	.1072	.1106
1.3	.1139	.1173	.1206	.1239	.1271	.1303	.1335	.1367	.1399	.1430
1.4	.1461	.1492	.1523	.1553	.1584	.1614	.1644	.1673	.1703	.1732
1.5	.1761	.1790	.1818	.1847	.1875	.1903	.1931	.1959	.1987	.2014
1.6	.2041	.2068	.2095	.2122	.2148	.2175	.2201	.2227	.2253	.2279
1.7	.2304	.2330	.2355	.2380	.2405	.2430	.2455	.2480	.2504	.2529
1.8	.2553	.2577	.2601	.2625	.2648	.2672	.2695	.2718	.2742	.2765
1.9	.2788	.2810	.2833	.2856	.2878	.2900	.2923	.2945	.2967	.2989
2.0	.3010	.3032	.3054	.3075	.3096	.3118	.3139	.3160	.3181	.3201
2.1	.3222	.3243	.3263	.3284	.3304	.3324	.3345	.3365	.3385	.3404
2.2	.3424	.3444	.3464	.3483	.3502	.3522	.3541	.3560	.3579	.3598
2.3	.3617	.3636	.3655	.3674	.3692	.3711	.3729	.3747	.3766	.3784
2.4	.3802	.3820	.3838	.3856	.3874	.3892	.3909	.3927	.3945	.3962
2.5	.3979	.3997	.4014	.4031	.4048	.4065	.4082	.4099	.4116	.4133
2.6	.4150	.4166	.4183	.4200	.4216	.4232	.4249	.4265	.4281	.4298
2.7	.4314	.4330	.4346	.4362	.4378	.4393	.4409	.4425	.4440	.4456
2.8	.4472	.4487	.4502	.4518	.4533	.4548	.4564	.4579	.4594	.4609
2.9	.4624	.4639	.4654	.4669	.4683	.4698	.4713	.4728	.4742	.4757
3.0	.4771	.4786	.4800	.4814	.4829	.4843	.4857	.4871	.4886	.4900
3.1	.4914	.4928	.4942	.4955	.4969	.4983	.4997	.5011	.5024	.5038

もので、$\log_{10}X=Y$でX、Yの一方がわかれば表から他方がわかるというものです。

例えば、$Y=0.402$のとき、表の左脇に縦に並んでいる数字の2.5のところを右に見ていくと、表の上部に横に並ぶ数字の2に当たる部分が0.4014、3に当たる部分が0.4031になっています。そこから$X=2.52$ということがわかるのです。

この常用対数表、コンピューターどころか電卓すらない時代に作るのには相当な労力がかかったと思われます。

表のように小数第4位まで求めるのは大変ですので、ここでは小数第1位まで実際に求めてみましょう。小数第2位以降も計算量は膨大ですが考え方は同じです。

$\log_{10}2$を求める場合、底が10で真数が2なので、

$$2^a=10^b$$

となるようなa、bを考えます。等号で結ばれているので両辺に同じ記号をつけても等号は成り立つため、両辺に$\log_{10}$をとります。

$$\log_{10}2^a=\log_{10}10^b$$

$\Leftrightarrow a\log_{10}2=b$

$\Leftrightarrow \quad \log_{10}2=\dfrac{b}{a}$

これを満たすような整数a、bはないので、等号ではなくなるべく値が近い不等式で立式してみます。

$2^3<10$

等号のときと違って不等式の場合、両辺に同じ記号をつけても不等号の向きが変わる可能性があるため注意が必要です。例えば両辺を逆数にするときは、等式なら問題ありませんが、不等式だと大小関係が入れ替わってしまいます。

$3<5 \rightarrow \dfrac{1}{3}>\dfrac{1}{5}$

対数も底が1未満の場合、大小関係が入れ替わってしまいます。

$2<8$

$\log_{\frac{1}{2}}2=-1$，$\log_{\frac{1}{2}}8=-3$なので

$\log_{\frac{1}{2}}2>\log_{\frac{1}{2}}8$

となりますが、$\log_{10}$をとる分には不等号の向きは変わらないため、

$\log_{10}2^3<\log_{10}10=1$

$\Leftrightarrow 3\log_{10}2<1$

$\Leftrightarrow \log_{10}2<\dfrac{1}{3}=0.33333\cdots\cdots$

次に、

$2^{10}=1024>10^3$

同様に両辺に$\log_{10}$をとって、

$\log_{10}2^{10}>\log_{10}10^3$

$\Leftrightarrow 10\log_{10}2>3$

$\Leftrightarrow \log_{10}2>\frac{3}{10}=0.3$

以上より、$0.3<\log_{10}2<0.3333\cdots\cdots$なので小数第1位が3とわかります。以下、同様の作業（といっても計算が一気に膨大になりますが）を続けて小数第2位以降も求めていき、出来上がったのが常用対数表です。

では、実際に常用対数表を用いて、指数で表された数が何桁で、最高位からの数字はいくつなのかを求めてみましょう。

お題は「13^{20}」です。

まず、$13^{20}=X$とおきます。次に両辺に底が10の対数をとります。

$\log_{10}13^{20}=\log_{10}X$

$\Leftrightarrow 20\log_{10}13=\log_{10}X$

数	0	1	2	3	4	5	6	7	8	9
1.0	.0000	.0043	.0086	.0128	.0170	.0212	.0253	.0294	.0334	.0374
1.1	.0414	.0453	.0492	.0531	.0569	.0607	.0645	.0682	.0719	.0755
1.2	.0792	.0828	.0864	.0899	.0934	.0969	.1004	.1038	.1072	.1106
1.3	.1139	.1173	.1206	.1239	.1271	.1303	.1335	.1367	.1399	.1430
1.4	.1461	.1492	.1523	.1553	.1584	.1614	.1644	.1673	.1703	.1732
1.5	.1761	.1790	.1818	.1847	.1875	.1903	.1931	.1959	.1987	.2014
1.6	.2041	.2068	.2095	.2122	.2148	.2175	.2201	.2227	.2253	.2279
1.7	.2304	.2330	.2355	.2380	.2405	.2430	.2455	.2480	.2504	.2529
1.8	.2553	.2577	.2601	.2625	.2648	.2672	.2695	.2718	.2742	.2765
1.9	.2788	.2810	.2833	.2856	.2878	.2900	.2923	.2945	.2967	.2989
2.0	.3010	.3032	.3054	.3075	.3096	.3118	.3139	.3160	.3181	.3201
2.1	.3222	.3243	.3263	.3284	.3304	.3324	.3345	.3365	.3385	.3404
2.2	.3424	.3444	.3464	.3483	.3502	.3522	.3541	.3560	.3579	.3598
2.3	.3617	.3636	.3655	.3674	.3692	.3711	.3729	.3747	.3766	.3784
2.4	.3802	.3820	.3838	.3856	.3874	.3892	.3909	.3927	.3945	.3962
2.5	.3979	.3997	.4014	.4031	.4048	.4065	.4082	.4099	.4116	.4133
2.6	.4150	.4166	.4183	.4200	.4216	.4232	.4249	.4265	.4281	.4298
2.7	.4314	.4330	.4346	.4362	.4378	.4393	.4409	.4425	.4440	.4456
2.8	.4472	.4487	.4502	.4518	.4533	.4548	.4564	.4579	.4594	.4609
2.9	.4624	.4639	.4654	.4669	.4683	.4698	.4713	.4728	.4742	.4757
3.0	.4771	.4786	.4800	.4814	.4829	.4843	.4857	.4871	.4886	.4900
3.1	.4914	.4928	.4942	.4955	.4969	.4983	.4997	.5011	.5024	.5038

常用対数表は9.9までしかありませんので、一工夫します。

$$\Leftrightarrow 20\log_{10}(1.3\times 10) = 20(\log_{10}1.3 + \log_{10}10) = \log_{10}X$$

ここで常用対数表を見ると$\log_{10}1.3=0.1139$ということがわかります。

そして、この常用対数表は小数第4位までのもので、小数第5位を四捨五入しているため真の値は、

$0.11385 \leqq \log_{10}1.3 < 0.11395$の範囲の中にあります。

以下に整理します。

$$20(0.11385+1)=22.277 \leqq \log_{10}X < 20(0.11395+1)$$
$$=22.279$$

したがって、$10^{22.277} \leqq X < 10^{22.279}$です。

ここで指数法則$a^m \times a^n = a^{m+n}$を用いると、

$10^{22} \times 10^{0.277} \leqq X < 10^{22} \times 10^{0.279}$となります。

$$10^0 = 1 < 10^{0.27} < 10$$

なので、この時点で23桁の数であることがわかりました。次に、

$$10^{0.277} \leqq Y < 10^{0.279}$$

このようにおいて両辺に対数をとると、

$$\log_{10} 10^{0.277} \leqq \log_{10} Y < \log_{10} 10^{0.279}$$
$$\Leftrightarrow 0.277 \leqq \log_{10} Y < 0.279$$

そして再び常用対数表を眺めて0.277〜0.279を探すと、1.90のところに0.2788があるので、この場合は上3桁が求められました（必ず3桁求められるわけではありません）。

したがって、$13^{20} = 1.90 \times 10^{22}$となります。

15^{50}の桁数と最高位の数（早稲田大）

こういった計算は大学入試でも頻繁に問われますが、大学入試の場合は大抵、必要な常用対数のみが与えられていて、かつて早稲田大で出された「15^{50}の桁数と最高位の数を求めよ」という入試問題では、$\log_{10}2=0.3010$、$\log_{10}3=0.4771$、$\log_{10}7=0.8451$を用いなさいとの指示でした。

まず、$15^{50}=X$とおき、両辺に対数をとります。

$$\log_{10}15^{50}=\log_{10}X$$
$$\Leftrightarrow 50\log_{10}(3\times 5)=\log_{10}X$$
$$\Leftrightarrow 50(\log_{10}3+\log_{10}5)=\log_{10}X$$

ここで常用対数表があれば$\log_{10}5$も表で調べてしまえばいいですが、この問題では、$\log_{10}2$、$\log_{10}3$、$\log_{10}7$しか与えられていなかったので一工夫が必要です。

$$\begin{aligned}\log_{10}5&=\log_{10}\frac{10}{2}=\log_{10}10-\log_{10}2\\&=1-\log_{10}2\end{aligned}$$

$$\begin{aligned}50(\log_{10}3+\log_{10}5)&=50(\log_{10}3+1-\log_{10}2)\\&=50(0.4771+1-0.3010)\\&=50\times 1.1761=58.805=\log_{10}X\end{aligned}$$

$\therefore X=10^{58.805}$

ここで指数法則$a^m \times a^n = a^{m+n}$を用いて、

$X=10^{58} \times 10^{0.805}$

$10^0=1<10^{0.805}<10$なのでXは59桁の数であることがまずわかります。

次に$10^{0.805}=Y$とすると、$\log_{10} Y=0.805$。問題では$\log_{10} 7=0.8451$が与えられているので、$Y<7$であることはわかりますが、$Y>6$であることを確かめるには、$\log_{10} 6$の値を求める必要があります。そこで、logの公式$\log_a MN=\log_a M+\log_a N$を用いると、

$$\log_{10} 6=\log_{10}(2\times 3)=\log_{10} 2+\log_{10} 3$$
$$=0.3010+0.4771=0.7781$$

ということで、$\log_{10} 6<\log_{10} Y<\log_{10} 7$なので、$Y$の

整数部分の数字は6であることがわかりました。

（答え）最高位の数字が6で59桁の数

第4章

なぜπが角度に？

なぜ360°を2πとするのか 動画▶Vol.10

高校で数学を習っていると、唐突に「弧度法」なるものが登場して「これから角度は度数法でなく弧度法を使うように。360°＝2πです」と言い渡されます。

それこそ考え方を「180度転換」ならぬ「π転換」しなければなりません。なぜ、小学校以来慣れ親しんできた度数法を捨てなければならないのでしょうか？

それには、度数法の360という数字はどこからきているのかも考えてみなければなりません。

そもそも角度とはその尖《とが》り具合を一定の数値で表せばいいので、一回りの角度をいくつにしようと、角度が倍になれば数値も倍になる正比例の関係さえあれば良いので、数字は自由です。

ではなぜ360が広く使われているかというと、地球が太陽のまわりを1周するのが約365日だからでしょう。ただ、365にしてしまうと約数が少なすぎて、正三角形の一つの内角など図形的に特別な角度が全て割り切れない半端な数値となってしまうため、365に近くて約数の沢山ある360が一周の角度として選ばれたのでしょう。要するに360という数字には整数論的根拠はあっても、その他の数学的根拠はないのです。

弧度法とは、半径1の単位円の弧の長さを角度を表す数値として採用したものです。前述の通り、角度はその大きさと数値が正比例の関係にあればいいのです。半径が一定の円の弧の長さと中心角は正比例の関係にあるので、角度の表記としては問題ありません。

欠点はπという無理数を使う点と、直線と1周を除く角度がすべて分数となってしまうこと。そして何より、360°法に慣れ過ぎてしまった脳から切り替えるのが難しいということです。私は未だに弧度法を使うときは、「$\frac{\pi}{3}$はえーと60°だから、$\cos\frac{\pi}{3}$は$\frac{1}{2}$」などと考えてしまい瞬時には値が出てきません。

それなのになぜ弧度法を使うのか。それはズバリ、sin、cosを綺麗に微分することができ、その他すべてが美しく調和するからです。

次の式をご覧ください。この後、sinやcosを微分する際に必要になる三角関数における最も大事な公式の1つです。

$$\lim_{x \to 0} \frac{\sin x}{x} = 1$$

この式は弧度法だから右辺が1になるのであって、度数法だと右辺が$\pi/180$となってしまいます。どちらが美しいかは一目瞭然でしょう。

では、これがなぜ成り立つのかを説明します。

図19をご覧ください。

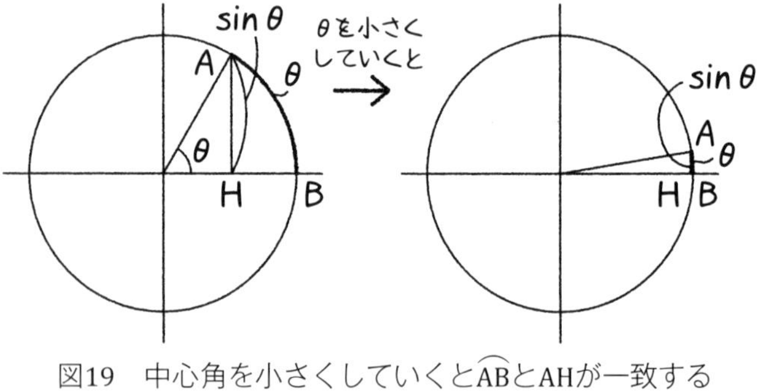

図19　中心角を小さくしていくと$\overset{\frown}{\mathrm{AB}}$とAHが一致する

この式を厳密な議論でなくイメージで理解するなら、中心角が大きいときは$\overset{\frown}{\mathrm{AB}}$とAHの長さは異なるが、中心角が限りなく0に近づけば$\overset{\frown}{\mathrm{AB}} \fallingdotseq \mathrm{AH}$となり、分母と分子が等しいので上の式が成り立つという感覚です（図19）。

この時、弧度法でなく360°法だと$\overset{\frown}{\mathrm{AB}}=\dfrac{\pi\theta}{180}$、$\mathrm{AH}=\sin\theta$なので、

$$\lim_{x\to 0}\frac{\sin\theta}{\pi\theta/180}=1\left(\text{両辺に}\frac{\pi}{180}\text{をかける}\right)\leftrightarrow\lim_{x\to 0}\frac{\sin\theta}{\theta}=\frac{\pi}{180}$$

となってしまい、あまり美しくありません。その不都合はこの後sinを微分してみるとより顕著となります。

以上を厳密に証明したのが、次の図20です。

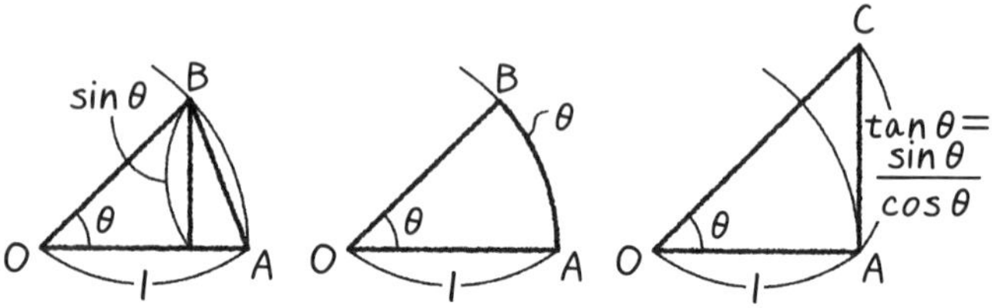

△OABの面積

$$1\times\sin\theta\times\frac{1}{2}=\frac{\sin\theta}{2}$$

扇形OABの面積

$$1\times1\times\pi\times\frac{\theta}{2\pi}=\frac{\theta}{2}$$

△OACの面積

$$1\times\tan\theta\times\frac{1}{2}=\frac{\sin\theta}{2\cos\theta}$$

$$\therefore\frac{\sin\theta}{2}<\frac{\theta}{2}<\frac{\sin\theta}{2\cos\theta}$$

すべて正の数なので2倍して、逆数をとって不等号の向きを反対にする

$$\Leftrightarrow\sin\theta<\theta<\frac{\sin\theta}{\cos\theta}$$

$$\frac{1}{\sin\theta}>\frac{1}{\theta}>\frac{\cos\theta}{\sin\theta}$$

$\sin\theta$ (>0) をかける

$$1>\frac{\sin\theta}{\theta}>\cos\theta$$

ここで$\theta\to+0$のとき、$\lim_{\theta\to+0}\cos\theta=1$なので、

1と1に挟みこまれたから

$$\lim_{h\to+0}\frac{\sin\theta}{\theta}=1$$

$\lim_{\theta\to-0}\frac{\sin\theta}{\theta}$の場合も示す必要がありますが、ここでは省略します。

図20　挟み撃ちによる証明

$\sin x$の微分 動画▶Vol.11

微分の定義に従って$\sin x$を微分すると、

$$(\sin x)'=\lim_{h\to 0}\frac{\sin(x+h)-\sin x}{h}$$

加法定理を用いて、

$$=\lim_{h\to 0}\frac{\sin x\cos h+\cos x\sin h-\sin x}{h}$$

分子を$\sin x$でくくれるものはくくる。

$$=\lim_{h\to 0}\frac{\sin x(\cos h-1)+\cos x\sin h}{h}$$

$$=\lim_{h\to 0}\left\{\frac{\sin x(\cos h-1)}{h}+\frac{\cos x\sin h}{h}\right\}$$

$$=\lim_{h\to 0}\left\{\frac{\sin x(\cos h-1)(\cos h+1)}{h(\cos h+1)}+\cos x\cdot\frac{\sin h}{h}\right\}$$

(左の分数の分母と分子に$(\cos h+1)$をかけた)

$$=\lim_{h\to 0}\left\{\frac{\sin x(\cos^2 h-1)}{h(\cos h+1)}+\cos x\cdot\frac{\sin h}{h}\right\}$$

$\sin^2 h+\cos^2 h=1$を利用して、$\cos^2 h-1=-\sin^2 h$を代入。

$$=\lim_{h\to 0}\left\{\frac{\sin x(-\sin^2 h)}{h(\cos h+1)}+\cos x\cdot\frac{\sin h}{h}\right\}$$

$$=\lim_{h\to 0}\left\{\frac{\sin x(-\sin h)}{\cos h+1}\cdot\frac{\sin h}{h}+\cos x\cdot\frac{\sin h}{h}\right\}$$

$\lim\limits_{h\to 0}\dfrac{\sin h}{h}=1$なので、左の分数の左側は$\dfrac{0}{2}$で、

$\cos x$だけが残り、

$(\sin x)'=\cos x$

これが弧度法でなく度数法だと$\lim\limits_{x\to 0}\dfrac{\sin x}{x}=\dfrac{\pi}{180}$なので、

$$(\sin x)' = \frac{\pi}{180}\cos x$$

となってしまいます。美しさの違いは一目瞭然でしょう。

cosの微分もほぼ同様の方法によって求められるので、ここでは結論だけを記しておきます。ぜひご自身で導いてください。

$$(\cos x)' = -\sin x$$

第5章

「e」って何!?

「ネイピア数」の正体 動画▶Vol.12

ネイピア数eとは、2.718……と無限に続く無理数で、ちっとも自然でないのに「自然対数の底」とされます。果たしてeとは何なのでしょうか。

eについては、発見・定義されてきた過程を無視すれば次の4つの「事実」があります。

①$e=\lim_{n\to\infty}\left(1+\frac{1}{n}\right)^{n}$

$e=\lim_{h\to 0}(1+h)^{\frac{1}{h}}$

②微分しても同じ式

$y=e^{x}$　$y'=e^{x}$

③$y=e^{x}$の（0, 1）における接線の傾きは1

④$(\log_{e}x)'=\frac{1}{x}$

定義とは物事の意味を決めること、定理とは定義から論理展開して得られた一定の法則および公式。したがって、定義については原則「なぜ？」と尋ねることはできません。「二等辺三角形の2辺はなぜ等しいの？」などという質問には「そう決めたから」という答えにしかなりません。そもそも、二等辺三角形の定義などは誰にでもすんなり受け入れられる明白なものなので、そんな質問もしないはずです。

とはいえ、「なんで？」と聞きたくなる定義は多くあるのも事実です（0！＝1など）。それは変わった名前の人に対して「どうしてそんな名前なの？」と聞きたくなるのと似ています。名前の場合、命名した人にそれなりの考えがあったのでしょうからその人に聞いてみなければわかりません。

命名由来と同じように、初めて聞いたときには不思議に感じる定義$\left(5^{-2}=\frac{1}{5^2}\text{など}\right)$には、そうすることによっていろいろと都合がよくなり、数学的に美しく調和するからという理由があって、その意味を考えることは大切です。

eの定義は上記①～④のうちの一つですが（他の3つ

が定理)、どれを定義にしたところで、「2辺の長さが等しい三角形を二等辺三角形という」のようにすんなり受け入れられるものでなないでしょう。

なので、これから、なぜそう定義したのかをお話ししていきます。eについての①～④の事実は平行四辺形における定義と定理の関係とよく似ています。

平行四辺形の定義は「向かい合う2組の辺が平行な四角形」です。その定義から導かれる主な3つの定理は、①「向かい合う辺の長さは2組それぞれ等しい」、②「向かい合う角の角度は2組それぞれ等しい」、③「対角線はそれぞれの中点で交わる」となります。

この3つの定理はすべて、定義と入れ替え可能です。例えば①と定義を入れ替える、すなわち、平行四辺形の定義を「向かい合う2組の辺の長さがそれぞれ等しい四角形」とすると(名前も「等対辺四角形」とでもしますか)、①の定理が「向かい合った辺は2組それぞれ平行」になります。

すなわち、平行四辺形に関する主要な4つの事実は、

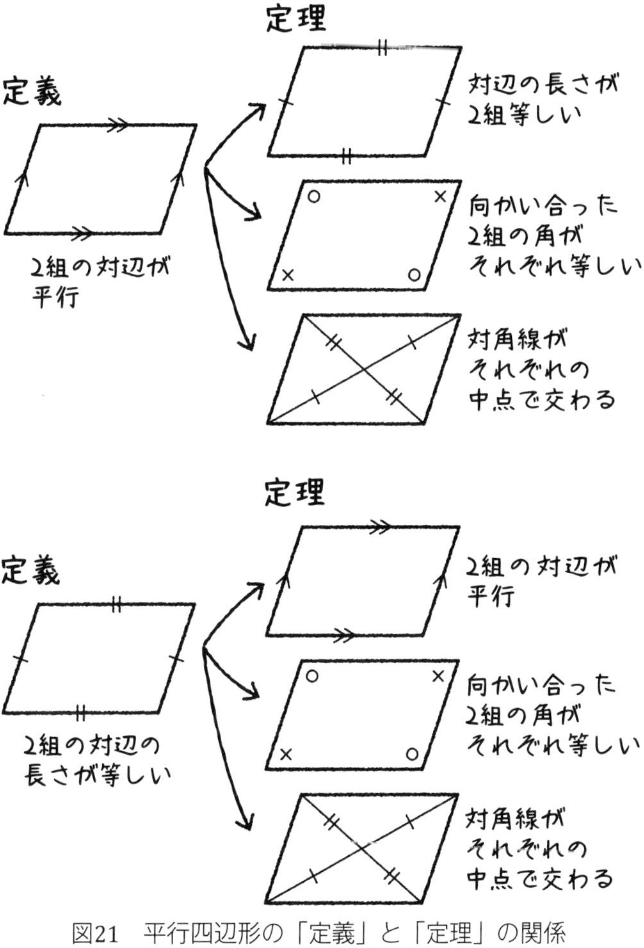

図21　平行四辺形の「定義」と「定理」の関係

1つを定義にすれば他の3つが定理として導かれるという関係にあるのです。

eは発見されて解明されるまでに相当な時間を要したので定義もその時系列に沿ったものにすべし、との考えもあるかもしれませんが、4つの事実が既知となった現代においては、どれを定義にすべきかは大した問題ではないと考えます。重要なのは、どれかを定義としたときに4つの事実を論理的に結びつけることです。

悲しい現実は、この4つの事実の結びつきを理解しないまま、単に事実を暗記して使っている学生が大半であるということです。根本を理解しないで、やり方だけ覚えてその場しのぎで点数を取るためだけの数学ほどつまらないものはありません。

eっていくつ？

ということで、4つの事実のうちの①$e=\lim_{n \to \infty}\left(1+\frac{1}{n}\right)^n$

を定義として話を進めていきます。

まず、eはいくつなのか。それには二項定理が必要になります。

〈二項定理〉

$$(a+b)^n=(a+b)(a+b)(a+b)\cdots\cdots(a+b)$$

$$=a^n+{}_nC_1a^{n-1}b+{}_nC_2a^{n-2}b^2+{}_nC_3a^{n-3}b^3+\cdots\cdots+{}_nC_{n-1}ab^{n-1}+b^n$$

二項定理のこの式を初めて見た人のほとんどは拒絶反応を起こすこと請け合いでしょう。しかし、数学の定理や公式なんて一つ一つ丁寧にひもといて考えれば大したことのないものばかりで、この二項定理も例外ではありません。

まず、はじめのa^n、n個ある（$a+b$）の全てのカッコからaを選んで掛け合わせたからa^nであり、個数は1個しかありません。

次の、${}_{n}\mathrm{C}_{1}a^{n-1}b$は$n$個ある（$a+b$）のうち、1つのカッコから$b$を選び、残り（$n-1$）個は$a$を選んで掛け合わせるので、$a^{n-1}b$となり、その個数は、$n$個のカッコから$b$を選ぶ1個のカッコを選ぶ場合の数であるから、${}_{n}\mathrm{C}_{1}=n$となります。

次の、${}_{n}\mathrm{C}_{2}a^{n-2}b^{2}$は$n$個ある（$a+b$）のうち、2つのカッコから$b$を選び、残り（$n-2$）個は$a$を選んで掛け合わせるので、$a^{n-2}b^{2}$となり、その個数は、$n$個のカッコから$b$を選ぶ2個のカッコを選ぶ場合の数であるから、${}_{n}\mathrm{C}_{1}=\dfrac{n(n-1)}{2!}$です。

以下同様です。

$$\left(1+\frac{1}{n}\right)^{n}=1+n\cdot\frac{1}{n}+\frac{n(n-1)}{2!}\cdot\frac{1}{n^{2}}+\frac{n(n-1)(n-2)}{3!}\cdot\frac{1}{n^{3}}+\frac{n(n-1)(n-2)(n-3)}{4!}\cdot\frac{1}{n^{4}}\cdots\cdots$$

$$=1+1+\frac{n^{2}-n}{2!\cdot n^{2}}+\frac{n^{3}-3n^{2}+2n}{3!\cdot n^{3}}+\frac{n^{4}-6n^{3}+11n^{2}-6n}{4!\cdot n^{4}}+\cdots\cdots$$

$$=1+1+\frac{1}{2!}-\frac{1}{2!\cdot n}+\frac{1}{3!}-\frac{3}{3!\cdot n}+\frac{3}{3!\cdot n^2}$$

$$+\frac{1}{4!}-\frac{6}{4!\cdot n}+\frac{11}{4!\cdot n^2}-\frac{6}{4!\cdot n^3}+\frac{1}{5!}+\cdots\cdots$$

ここで、$n\to\infty$なので分母にnがあるものはすべて0とみなします。したがって、

$$e=1+\frac{1}{1!}+\frac{1}{2!}+\frac{1}{3!}+\frac{1}{4!}\cdots\cdots$$

では、この値はいくつなのでしょうか？　直接求めるのは困難なので、この値よりも大きく、しかも無限に足していった和がわかる式を用意します。

それは初項が$\frac{1}{2}$で公比も$\frac{1}{2}$の等比数列の和です。それをSとします。

$$S=\frac{1}{2}+\frac{1}{2^2}+\frac{1}{2^3}+\cdots\cdots$$

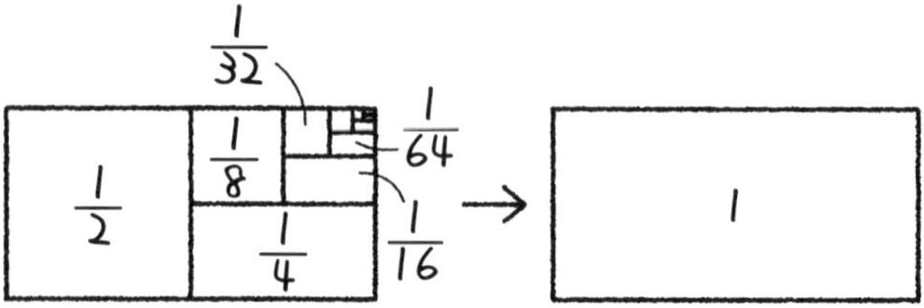

図22　等比数列を図形で見る

Sは等比数列の和の公式で求められますが、この場合は面積1の大きさの長方形を半分、半分と次々と足していく図22を見れば$S=1$は一目瞭然です。

$$e=1+\frac{1}{1!}+\frac{1}{2!}+\frac{1}{3!}+\frac{1}{4!}+\cdots\cdots$$

$$\wedge \quad \wedge \quad \wedge$$

$$S=\frac{1}{2^1}+\frac{1}{2^2}+\frac{1}{2^3}+\cdots\cdots$$

上下に並べたeとSの分母を比べてみてください。$2=2!$、$2^2<3!$、$2^3<4!$と、eの分母の方が大きいです。分数は分母が大きい方が小さいので、$e<S+2=3$であることがわかります。

したがって$e<3$であることがわかります。

(0, 1)における接線の傾きが1の指数関数 動画▶Vol.13

指数関数$y=a^x$（$a>1$）のグラフはaの値にかかわらず、必ず（0, 1）を通ります。

そこで、どんな指数関数でも必ず通る特別な点である（0, 1）における接線を考えてみましょう。

aの値が大きくなれば、接線の傾きも大きくなっていきます。

$y=2^x$のグラフだと図23で見てわかる通り、（0, 1）における接線の傾きは1より小さい。$y=3^x$だと（0, 1）における接線の傾きは1よりやや大きそうです。

ということは、（0, 1）における接線の傾きが1である指数関数$y=a^x$のaの値は、$2<a<3$であることがわかります。

話の流れから、これがeのことだろうと想像すると思いますが、もちろんこの時点では、（0, 1）におけ

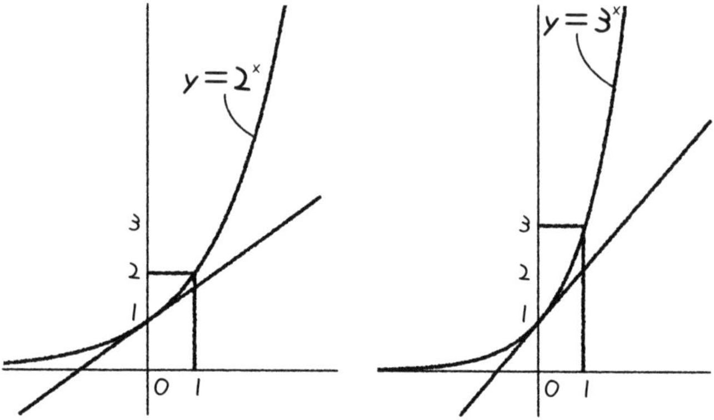

図23　指数関数$y=2^x$と$y=3^x$のグラフ

る接線の傾きが1である指数関数$y=a^x$のaがeであることはまだわかっていません。

では、(0, 1) における接線の傾きが1となる、ある特別なaの$y=a^x$について考察してみます。

接線の話なので微分します。微分の定義は、

$$f'(x)=\lim_{h\to 0}\frac{f(x+h)-f(x)}{h}$$

なので、$y=a^x$の微分は、

$$y'=\lim_{h\to 0}\frac{a^{(x+h)}-a^x}{h}$$

分子をa^xでくくると

$$y'=\lim_{h\to 0}\frac{a^x(a^h-1)}{h}$$

ここでのaは、(0, 1) における接線の傾きが1である特別なaなので、微分した式に$x=0$を代入すれば1になるはずです。

$$y'=\lim_{h\to 0}\frac{a^0(a^h-1)}{h}=\lim_{h\to 0}\frac{a^h-1}{h}=1$$

そして、もう一度、$y=a^x$の微分した式を見てみると、

$$y'=\lim_{h\to 0}\frac{a^x(a^h-1)}{h}$$

これに、

$$\lim_{h\to 0}\frac{a^h-1}{h}=1$$

を代入すれば、$y'=a^x$となります。

すなわち、(0, 1) における接線の傾きが1である特別なaの指数関数$y=a^x$は微分しても元の式と同じであるということがわかりました（繰り返しますが、この時点ではまだaがeであることはわかっていません）。

対数関数$y=\log_a x$を考える

ここで、「逆関数」というものを考えます。

これは、$y=f(x)$の式をxについて解いて$x=g(y)$とし、xとyを入れ替えた$y=g(x)$を$y=f(x)$の逆関数といい、$y=f(x)$と$y=g(x)$は直線$y=x$に関して線対称となっています。

〈具体例〉

$$y=2x+1$$

$$\leftrightarrow 2x=y-1$$

$$\leftrightarrow x=\frac{y}{2}-\frac{1}{2}$$

したがって、$y=2x+1$の逆関数は、$y=\frac{x}{2}-\frac{1}{2}$となります。

まず任意の点A(a, b)を定め、これの$y=x$について対称な点の座標は、x座標とy座標を入れ替えたB(b, a)であることは図の△OAMと△OBNが合同であることから明らかです（図24）。

そこで、とある関数$y=f(x)$をxについて解いて、$x=g(y)$とします。そうすると、$y=f(x)$の逆関数は$y=g(x)$となります。

この関数$y=f(x)$、すなわち$x=g(y)$上のある点のy座標をXとすると、x座標は$g(\mathrm{X})$です。

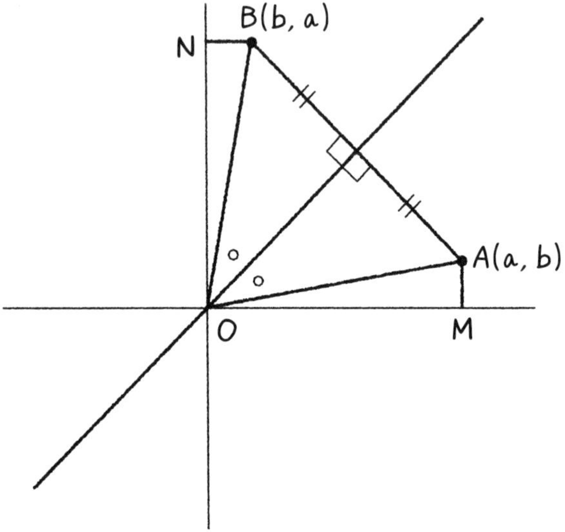

図24　$y=x$について線対称な二つの点

P$(g(X), X)$の$y=x$について対称な点は図24で証明したA点とB点の関係よりx座標とy座標を入れ替えた（$X, g(X)$）となり、関数$y=g(x)$上にあることがわかります（図25）。

以上より、$y=f(x)$と逆関数の$y=g(x)$は$y=x$について線対称であることがわかりました。

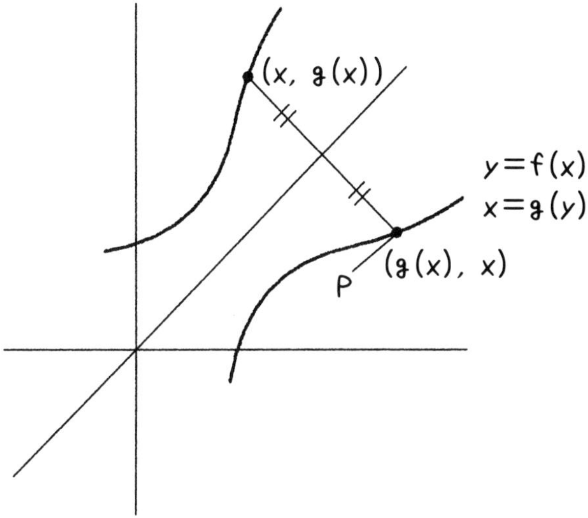

図25　$y=x$について線対称な逆関数

$y=a^x$の逆関数を考える

$y=a^x$をxについて解くと、$x=\log_a y$となります。

繰り返しますが、ここでのaは一般的なaではなく、指数関数$y=a^x$の（0, 1）における接線の傾きが1となる特別なaを考えます。

図26のように、(0, 1) の$y=x$について線対称な点は (1, 0) で、そこにおける接線も$y=x$について線対称になっているので、傾きは1です。

そこで、$y=\log_a x$を微分してみます。

微分の定義、

$$f'(x)=\lim_{h\to 0}\frac{f(x+h)-f(x)}{h}$$

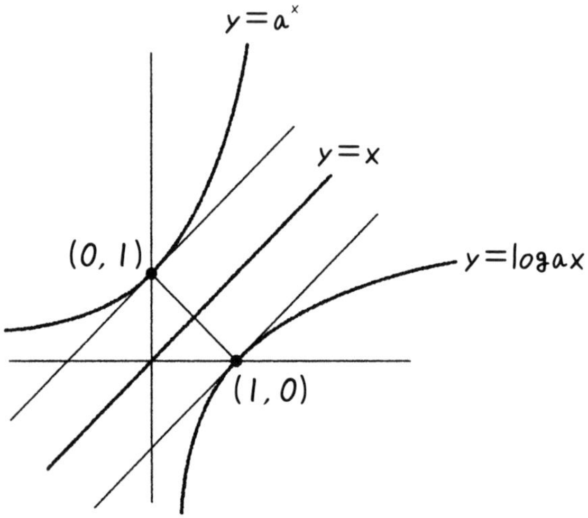

図26　$y=a^x$と逆関数$x=\log_a y$

に従って微分すると、$y'=\lim_{h\to 0}\frac{\log_a(x+h)-\log_a x}{h}$となり、対数の引き算は割り算に変換できるので、

$$=\lim_{h\to 0}\frac{\log_a\frac{x+h}{x}}{h}$$

$\frac{1}{h}$を前に書いて、

$$=\lim_{h\to 0}\frac{1}{h}\log_a\left(1+\frac{h}{x}\right)$$

対数の係数は右上の指数にもっていけるので、

$$=\lim_{h\to 0}\log_a\left(1+\frac{h}{x}\right)^{\frac{1}{h}}$$

図26より、$x=1$における接線の傾きは1であるから、$x=1$を代入すると、

$$\lim_{h\to 0}\log_a(1+h)^{\frac{1}{h}}=1$$

対数が1となるのは底と真数が等しい時、すなわち、$a=\lim_{h\to 0}(1+h)^{\frac{1}{h}}$で、右辺は$e$の定義そのものです。

以上をまとめるとeは、

$$e=\lim_{n\to\infty}\left(1+\frac{1}{n}\right)^{n},\quad e=\lim_{h\to 0}(1+h)^{\frac{1}{h}}$$

このように定義して、(0, 1) における接線の傾きが1である特別な指数関数$y=a^x$について考察すると、まず (0, 1) における接線の傾きが1であれば、$y=a^x$は微分しても式が変わらないことがわかりました。

次に、$y=a^x$の逆関数$y=\log_a x$の (1, 0) における接線を考察した結果、$a=e$であることがわかりました。

そして、eに関する4つ目の事実、$(\log_e x)'=\frac{1}{x}$は次のように証明できます。

まずは微分の定義の確認。

$$f'(x)=\lim_{h\to 0}\frac{f(x+h)-f(x)}{h}$$

したがって、

$$(\log_e x)'=\lim_{h\to 0}\frac{\log_e(x+h)-\log_e x}{h}$$

$\frac{1}{h}$を前に出し、対数の引き算を割り算に直すと

$$=\lim_{h\to 0}\frac{1}{h}\log_e\left(1+\frac{h}{x}\right)$$

$\frac{h}{x}=t$とすると、$h=xt$

$h\to 0$なら$t\to 0$

$$\lim_{h\to 0}\frac{1}{h}\log_e\left(1+\frac{h}{x}\right)=\lim_{t\to 0}\log_e(1+t)^{\frac{1}{xt}}$$

$\frac{1}{x}$だけを前に出すと、

$$\lim_{t\to 0}\frac{1}{x}\log_e(1+t)^{\frac{1}{t}}=\frac{1}{x}\quad\left(\lim_{t\to 0}(1+t)^{\frac{1}{t}}=e\text{なので}\right)$$

これでeに関する4つの事実が結びつきました。

第6章

「i」って何？

複素数とは 動画▶Vol.14

数学の公式の原理を理解せずに、単に丸暗記して使っている人は少なからずいます。というよりは、残念ながら大半がそうです。呪文のごとくブツブツ唱えて暗記してそこに数字を当てはめるだけ、その代表格が「二次方程式」の解の公式です。

解の公式の仕組みを理解して導ける人は、中学の義務教育を経た人の中で果たして何%くらいいるのでしょうか。私の肌感覚では5%以下です。実生活で使うことのほぼない公式を単なる丸暗記で無理矢理覚えさせられては、数学が嫌いになるのも致し方ありません。

二次方程式を習うときは解の公式を導けるような順序で学習していくようになってはいますが、途中で因数分解による解法を習い、二次方程式の90%以上が因数分解によって解けるように出題されるため、解の公式は因数分解できない時の最後の手段となり、登場頻度が少ないがためないがしろにされてしまっています。

二次方程式は、まず2乗して9になるような数は何、というところから始まります。

$x^2=9$

$x=\pm 3$

もちろん右辺が平方数（自然数の2乗で表される数）でなくても正なら構いません。

$x^2=5$

$x=\pm\sqrt{5}$

次にご親切な格好をしている二次方程式①

$(x-2)^2=25$

$x-2=\pm 5$

$x=2\pm5=7,\ -3$

ご親切な格好をしている二次方程式②

$(x+3)^2=2$

$x+3=\pm\sqrt{2}$

$x=-3\pm\sqrt{2}$

ここで、①の方程式を展開して左辺に寄せると、$x^2-4x-21=0$となります。この式の左辺は$(x-7)(x+3)$と因数分解できてしまうので、因数分解して解くのが普通です。

一方、②の式を展開して左辺に寄せると$x^2+6x+7=0$となります。この式の左辺は整数の範囲では因数分解ができません。こういったときに、ほとんどの人が解の公式に走ってしまいます。しかし、ご親切な格好になっているならばすぐに解けるのなら、自分でその格好にすればいいだけのことです。

目標は（そう、目標を明確にしておくことが数学の個別の問題においても、よりもっと大きなことにおいても重要)、$(x \pm a)^2 = b$という形にすることです。

元の式のx^2の係数が1なら話は簡単。$x^2 + 6x + 7 = 0$のxの1次の係数の半分をaにすればいいだけです。$(x+3)^2$を展開すれば、xの二次と一次までは揃います。ただし$(x+3)^2 = x^2 + 6x + 9$なので、元の式にはなかった9が登場してしまうからそれは引いて、もともとあった+7はそのまま書けばいいのです。

つまり、

$x^2 + 6x + 7 = (x+3)^2 - 9 + 7 = 0 \leftrightarrow (x+3)^2 = 2$となり、こうすれば親切な格好になったのであとは解くのは簡単。

$x^2 + 5x + 2 = 0$のようにxの1次の係数が奇数の場合aは分数になってしまうがそれはやむを得ません。

$$\left(x + \frac{5}{2}\right)^2 - \frac{25}{4} + 2 = 0$$

$$\leftrightarrow \left(x + \frac{5}{2}\right)^2 = \frac{17}{4}$$

$$x + \frac{5}{2} = \pm\sqrt{\frac{17}{4}} = \pm\frac{\sqrt{17}}{2}$$

$$x=\frac{-5\pm\sqrt{17}}{2}$$

ここまで、x^2の係数はすべて1でしたが、もちろん1以外もありえます。

$2x^2+6x+7=0$のような場合、方程式なので両辺を0以外でなら何で割っても構いません。つまり、x^2の係数を1にすることは簡単なのです。x^2の係数が1になったらやる作業は同じです。

このことを理解していれば解の公式を導くことはとても容易です。やってみましょう。

$$ax^2+bx+c=0 \quad (a\neq 0)$$

まずはx^2の係数を1にしたいので、両辺をaで割ります。

$$x^2+\frac{b}{a}x+\frac{c}{a}=0$$

xの1次の係数の半分を$(x+\square)^2$の$\square$に入れます。

$$\left(x+\frac{b}{2a}\right)^2$$

$\left(x+\frac{b}{2a}\right)^2$を展開すると、元の式にはなかった$\frac{b^2}{4a^2}$が登場してしまうのでそれは引く。

あとは元々あった$\frac{c}{a}$を書いて、通分して右辺に移項するだけです。

$$\left(x+\frac{b}{2a}\right)^2-\frac{b^2}{4a^2}+\frac{c}{a}=0$$

$$\left(x+\frac{b}{2a}\right)^2=\frac{b^2}{4a^2}-\frac{c}{a}=0$$

$$\left(x+\frac{b}{2a}\right)^2=\frac{b^2-4ac}{4a^2}$$

$$x+\frac{b}{2a}=\pm\sqrt{\frac{b^2-4ac}{4a^2}}$$

ここで、$a>0$の場合は$\sqrt{4a^2}=2a$ですが、$a<0$の場

合は$\sqrt{4a^2}=-2a$です。しかし、前に±がついているので気にする必要はなく、$\sqrt{4a^2}=\pm 2a$としてよく次の解の公式が導かれます。

$$x=\frac{-b\pm\sqrt{b^2-4ac}}{2a}$$

この解の公式は二次方程式において万能で、これを使えばどんな二次方程式も解けます。ただ、ルートの中身がマイナスになると実数の解を持ちません。

例えば$(x-2)^2=0$ももちろん二次方程式ですが、解は$x=2$のみです。こんなとき、この解を重解とか重根と呼びます。なぜ重《かさ》なるという文字を用いているかというと、（あくまで私の想像ですが）二次方程式には解は必ず2つあるもの、この場合は2つある解がたまたま重なって一つに見えているだけという気持ちが込められているのだと思います。

となれば、ルートの中身が負の場合に解がないなどというのは、数学の習性としてやはりどうしても放っておけないのでしょう。2乗して−1になる数を作れば2次方程式には必ず2個の解があることになり、統一性が保てて美しい。

そういった経緯かどうかはわかりませんが、$i^2=-1$なる数が作り出されました。これが単に、二次方程式に2個の解を持たせるためだけのその場しのぎの数なら、このような数は定義されなかったでしょう。

虚数（imaginary numberの頭文字をとってi）を$i^2=-1$となる数と定義し、天才ガウスが想像上の数であるiを視覚で捉えられるように発明した複素平面（ガウス平面）において、すべてが美しく調和する様は数学の醍醐味そのものです。以下、それを堪能してください。

小学校で習った数直線の0の地点に垂直な直線を引き、それを虚軸として関数のx-y平面と同じようなもの（違うものなので混同注意）を作ると、それが複素平面です。例えば、x-y平面における（2, 3）の地点を$2+3i$と表します（図27）。

複素数の足し算・引き算

複素数の足し算・引き算は、ベクトルのそれと同じ要領で、平行四辺形を描けばいいだけなので見た目としてもわかりやすいです。

$$(2+3i)+(3-i)=5+2i$$

一方、掛け算・割り算はどうでしょうか。計算自体は$i^2=-1$とすること以外は、すべて今まで通りの計算法則を適用します。

$$(2+3i)(3-i)=6+(9-2)i-3i^2=6+7i-(-3)=9+7i$$

このように計算自体はなんでもないのですが、$9+7i$とは複素平面上でいったいどのように移動したのでしょうか？　足し算や引き算のように、その動きを視

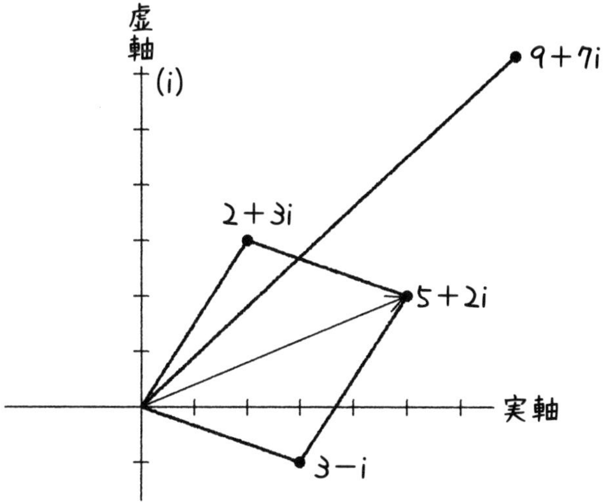

図27　複素数の計算を視覚的に捉える

覚的に捉えることはできないのでしょうか？

絶対値とは 動画▶Vol.15

中学校1年生で負の数を学習した際、同時に絶対値というものも登場したはずです。

$|-3|=3$、$|4|=4$といったようにです。絶対値とは

何でしょうか。正の数ならそのまま、負の数ならマイナスをとったもの、と捉えても中学生のうちなら構いません。ただそれだけだと、複素数にも絶対値を定義する際、複素数では正負は考えないので困ってしまいます。

そこで、絶対値を「原点からの距離」と定義すれば、実数では正の数ならそのまま、負の数ならマイナスをとった数というように今まで通りと変わらず、複素数でも原点からの距離は一意に決まるので定義として都合がよさそうです。

絶対値を原点からの距離と定義したならば、複素数の絶対値はピタゴラスの定理を用いて求めることができます。

先ほどの掛け算を見るとそれぞれ $|2+3i|=\sqrt{2^2+3^2}=\sqrt{13}$、$|3-i|=\sqrt{3^2+1^2}=\sqrt{10}$となり、その結果である$9+7i$の絶対値を計算してみると $|9+7i|=\sqrt{130}$となります。すると、どうやら複素数の掛け算は絶対値同士を掛けていそうであることが推

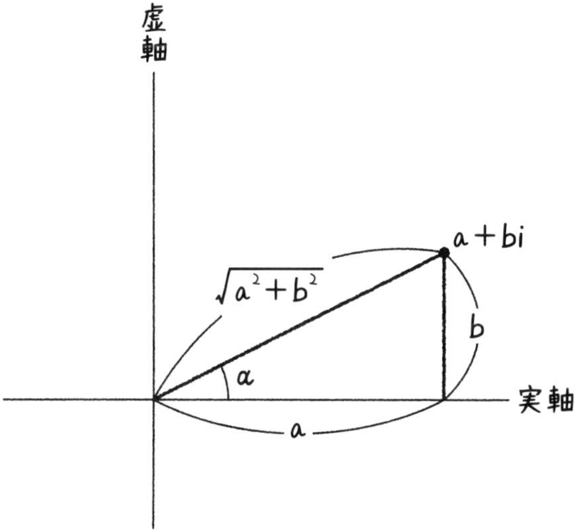

図28　複素数を角度で捉える

測されます。

複素数は複素平面で考えると、実軸と角度をもっています（普段は意識しませんが実数も0°、180°、360°という角度を持っています）。

その角度を α として$a+bi$を α を用いて別の方法で表記してみます。

図28より、$\cos\alpha=\frac{a}{\sqrt{a^2+b^2}}$，$\sin\alpha=\frac{b}{\sqrt{a^2+b^2}}$となり、

$$a=\sqrt{a^2+b^2}\cos\alpha,\quad b=\sqrt{a^2+b^2}\sin\alpha$$

したがって、$a+bi=\sqrt{a^2+b^2}(\cos\alpha+i\sin\alpha)$ となります。

同様に、$c+di=\sqrt{c^2+d^2}(\cos\beta+i\sin\beta)$ となります。

複素数のこのような表し方を「極形式」といいます（polar formの直訳）。掛け算の結果である $(a+bi)(c+di)=ac-bd+(ad+bc)i$ も極形式で表してみましょう（角度はまだわからないので γ とでもしておきます）。

$$\sqrt{(ac-bd)^2+(ad+bc)^2}(\cos\gamma+i\sin\gamma)$$

ルートの中身だけ別途計算してみると、

$$\begin{aligned}(ac-bd)^2+(ad+bc)^2&=a^2c^2-2abcd+b^2d^2+a^2d^2+\\&\qquad 2abcd+b^2c^2\\&=a^2c^2+b^2d^2+a^2d^2+b^2c^2\end{aligned}$$

$$=a^2(c^2+d^2)+b^2(c^2+d^2)$$
$$=(a^2+b^2)(c^2+d^2)$$

したがって、

$$\sqrt{(ac-bd)^2+(ad+bc)^2}(\cos\gamma+i\sin\gamma)$$
$$=\sqrt{(a^2+b^2)(c^2+d^2)}(\cos\gamma+i\sin\gamma)$$

この時点で、複素数の掛け算は絶対値をかけているという推測は当たっていることがわかります。では、角度はどうなっているのでしょうか。

掛け算を極形式でやってみます。

$$(a+bi)(c+di)$$
$$=\sqrt{a^2+b^2}(\cos\alpha+i\sin\alpha)\sqrt{c^2+d^2}(\cos\beta+i\sin\beta)$$
$$=\sqrt{a^2+b^2}\sqrt{c^2+d^2}(\cos\alpha+i\sin\alpha)(\cos\beta+i\sin\beta)$$

実部と虚部を意識しながら掛け算を行うと、

$$=\sqrt{a^2+b^2}\sqrt{c^2+d^2}\,\{(\cos\alpha\cos\beta-\sin\alpha\sin\beta)$$
$$+i(\sin\alpha\cos\beta+\cos\alpha\sin\beta)\}$$

なんと加法定理が登場。したがって、

$$=\sqrt{a^2+b^2}\sqrt{c^2+d^2}\,\{\cos(\alpha+\beta)+i\sin(\alpha+\beta)\}$$

よって、$\alpha+\beta=\gamma$ であることがわかります。

つまり、複素数の掛け算は(大きさ)×(大きさ)をして、それぞれの角度は足しているということになるのです。

ところで、中学の時になぜ負の数どうしの掛け算の結果が正の数になるのか、疑問に感じたことのある人は多いのではないでしょうか？　実は上の考え方を用いると説明がつくのです。

つまり、$(-2)\times(-3)=|2|\times|3|=6$ で角度は $180^\circ+180^\circ=360^\circ$、すなわち正ということです。

角度を足し算する便利な公式 動画▶Vol.16

〈ド・モアブルの定理〉

$$(\cos\theta + i\sin\theta)^n = \cos n\theta + i\sin n\theta$$

この定理は、複素数の掛け算が(大きさ)×(大きさ)で角度は足すということから自明な定理です。この定理はとても便利で、3倍角、4倍角、5倍角の公式などはこれとパスカルの三角形を使うと容易に導けます(図29)。

ド・モアブルの定理を用いて「3倍角の公式」を導

1

1　1

1　2　1 ………… $a^2+2ab+b^2$

1　3　3　1 ……… $a^3+3a^2b+3ab^2+b^3$

1　4　6　4　1 …… $a^4+4a^3b+6a^2b^2+4ab^3+b^4$

1　5　10　10　5　1 … $a^5+5a^4b+10a^3b^2+10a^2b^3+5ab^4+b^5$

図29　パスカルの三角形$(a+b)^n$の係数を簡単に求める

いてみましょう。

3倍角の公式

$(\cos\theta + i\sin\theta)^3 = \cos 3\theta + i\sin 3\theta$

左辺を普通に展開すると、

$\cos^3\theta + i(3\cos^2\theta\sin\theta) - 3\cos\theta\sin^2\theta - i\sin^3\theta$

実部と虚部で整理して、

$\cos 3\theta = \cos^3\theta - 3\cos\theta\sin^2\theta$

$\sin 3\theta = -\sin^3\theta + 3\cos^2\theta\sin\theta$

以下、$\sin^2\theta + \cos^2\theta = 1$を用いて整理すれば導くことができます。

4倍角、5倍角についてもパスカルの三角形と併用すればすべてその場ですぐに導けます。

なぜ$a^0=1$, $a^{-2}=\frac{1}{a^2}$ 動画▶Vol.17

例えば、$\frac{6^5}{6^3}=6^{5-3}=6^2$、$(5^2)^3=(5\times5)\times(5\times5)\times(5\times5)=5^6$などは自明です。

そして、以下も明らかです。

一般的に、m、nが自然数で$m>n$なら、

$\frac{a^m}{a^n}=a^{m-n}$　$(a^m)^n=a^{mn}$

数学では一旦作った公式・定理に代入する数値になるべくなら制限をかけたくないと考えます。なので、指数法則でもm、nが自然数で$m>n$という制限は外したいのです。

$\frac{6^3}{6^3}=1$は明らかで、$m=n$でも上記の公式を成立さ

せるなら、$6^{3-3}=6^{0}=1$とする必要があります。0乗は1と定義しておけば整合性が保たれるのです。

さらに$m<n$の場合も、$\frac{6^{2}}{6^{5}}=\frac{1}{6^{3}}$なので、$6^{-3}=\frac{1}{6^{3}}$であり、一般的に、

$$a^{-m}=\frac{1}{a^{m}}$$

となります。

要するに、このように定義しておけば「都合」がいいのです。

m、nが自然数でないときも$(a^{m})^{n}=a^{mn}$を一般に認めていいなら$(5^{\frac{1}{2}})^{2}=5^{\frac{1}{2}\times 2}=5^{1}=5$ということは、$5^{\frac{1}{2}}$は2乗して5になる数（のうち正の方）なので、$5^{\frac{1}{2}}=\sqrt{5}$と定義しておくと調和が保たれそうです。

一般的に、

$$a^{\frac{n}{m}}=\sqrt[m]{a^{n}}$$

となります。

指数法則をこのように定義する最大のメリットは、指数関数$y=a^x$が滑らかな曲線になるということです。もしも0乗を0と定義してしまうと、指数関数は一流投手のフォークボールのようにy軸付近でストンと落ちてしまいます。

この0乗と並んで、初めて聞いた人が0と答えたくなるツートップの一つが「0!」です。

もちろん定義なので0と定義して都合が良ければ0で構わないのですが、やはり、0では都合が悪いのです。これが1だと大変都合がよく、整合性が保たれるから1と定義されました。

$$\frac{4!}{4}=\frac{4\cdot3\cdot2\cdot1}{4}=3\cdot2\cdot1=3!$$

$$\frac{3!}{3}=2!$$

$$\frac{2!}{2}=1!$$

$$\frac{1!}{1}=0!$$

左辺は明らかに1なので$0!=1$としておくのが都合が良さそうです。

そして、$0!=1$と定義しておいて最も嬉しい場面が「場合の数」の計算。

例えば7人から3人選んで順番を考えて並べる場合の数は$7\times6\times5$。これを公式としてn人からk人選んで並べる場合の数は${}_nP_k$と表記しますが、式としては$\overbrace{n(n-1)(n-2)\cdots\cdots\cdots(n-k+1)}^{k\text{個}}$となり、これでは書き方としてダサい。

そこで一工夫して、${}_7P_3$の計算を、まずは7人全員を並べて、そこから実際には並ばない4人の並び方を割り算で消去すると考えると

$$\frac{7\cdot6\cdot5\cdot4\cdot3\cdot2\cdot1}{4\cdot3\cdot2\cdot1}=\frac{7!}{(7-3)!}=\frac{7!}{4!}$$

一般的に、n人からk人選んで順番を考えて並べる場合の数は、$\frac{n!}{(n-k)!}$となります。ところが、この公式を全員並べる場合にも適用すると、$\frac{n!}{(n-n)!}=\frac{n!}{0!}$となり、0!が出てきてしまいます。全員並べる場合の数は当然n!通りなので、0!＝1と定義しておくとここでも都合がいいのです。

第7章

いざ本丸「$e^{i\pi} = -1$」へ

別の式で表してみる作戦 動画▶Vol.18

長々と色々な定義、そこから導かれる定理・公式についてて説明してきましたが、いよいよ本書のメインテーマである、

$$e^{i\theta}=\cos\theta+i\sin\theta$$

$$e^{i\pi}=-1$$

オイラーの公式の説明に入っていきます。

そのために、公式に関係する$y=e^x$、$y=\cos x$、$y=\sin x$の3つの関数を別の式で表すことを考えます。果たしてそんなことができるのでしょうか。

まず直線の式というのは、2つの点が決まればそれらを通るものが1つに決まります。そして放物線（二次関数）は、同一直線上にない3点が決まればそれらを通るものが1つ決まります。

なぜかといえば、直線の式（一次関数）は

$y=ax+b$という形をしていて、例えば（2, 5），（−1, −1）を通ることがわかれば、

$$\begin{cases} 5=2a+b \\ -1=-a+b \end{cases}$$

という連立方程式を解いて$(a, b)=(2, 1)$のように一組だけの解が決まり、1つの直線が決定するのです。

同様に放物線（二次関数）の式は$y=ax^2+bx+c$という形をしていて、同一直線上にない3点が決まれば、2点の時と同じくa、b、cという3つの未知数に対して3つの一次式ができるので、それらを解けば1つの解が決まり、1つの放物線が確定します。

これを一般化すると、n点を選べば（$n-1$）次関数が決まるということになります。

$y=e^x$、$y=\cos x$、$y=\sin x$のそれぞれの関数上の点をn点選んで（$n-1$）次関数を作るとしましょう。ここでnを無限にすれば、それぞれの関数と一致するxの高

次式ができるのではないかという発想です。この発想が数学的に正しいと厳密に証明するのは高度なことなので、ここでは割愛しますが、正しそうだということは容易にイメージできると思います。

そして、$y=e^x$、$y=\cos x$、$y=\sin x$をxの高次式で表そうとするときに、各項の係数を決めるのに上記の一次関数、二次関数のときのように、点を選んで式の一般形に代入して連立方程式を解くという方法ではなく、「$y=e^x$は微分しても式が変わらない」「$y=\cos x$、$y=\sin x$は4回微分すると元の式に戻る（それはこのあと実際に微分して示します）」という性質を利用して、xの高次式で表したときの係数を決めていきます。

$$e^x=a_0+a_1x+a_2x^2+a_3x^3+\cdots\cdots+a_nx^n+\cdots\cdots①$$

①式のxに0を代入します。

$$e^0=1=a_0$$

次に①式の両辺を微分します。

$(e^x)'=e^x=a_1+2a_2x+3a_3x^2+4a_4x^3+\cdots\cdots$②

②式のxに0を代入します。

$e^0=1=a_1$

さらに、②式を微分します。

$(e^x)'=e^x=2a_2+3\cdot 2a_3x+4\cdot 3a_4x^2+\cdots\cdots$③

③式のxに0を代入。

$e^0=1=2a_2$

$a_2=\dfrac{1}{2!}$

2＝2!なので2!としておきます。その理由は次でわかります。

この③式をさらに微分。

$$(e^x)'=e^x=3\cdot 2a_3+4\cdot 3a_4x^2+\cdots\cdots ④$$

④式のxに0を代入。

$$e^0=1=3\cdot 2a_3$$

$$a_3=\frac{1}{3!}$$

以下同様の作業を繰り返すと、$a_4=\frac{1}{4!}$，$a_5=\frac{1}{5!}$，$a_6=\frac{1}{6!}$……となります。したがって、

$$e^x=\frac{1}{0!}+\frac{1}{1!}x+\frac{1}{2!}x^2+\frac{1}{3!}x^3+\frac{1}{4!}x^4+\frac{1}{5!}x^5+\frac{1}{6!}x^6+\cdots\cdots+\frac{1}{n!}x^n$$

（0!を1と定義しておいてよかった！）

同様に$\cos x$もxの高次式で表してみます。

$$\cos x = a_0 + a_1x + a_2x^2 + a_3x^3 + \cdots\cdots + a_nx^n + \cdots\cdots ①$$

$x=0$を代入すると、

$$\cos 0 = 1 = a_0$$

①式を微分します。

$$(\cos x)' = -\sin x = a_1 + 2a_2x + 3a_3x^2 + 4a_4x^3 + \cdots\cdots ②$$

②式のxに0を代入します。

$$-\sin 0 = 0 = a_1$$

さらに②式を微分します。

$(-\sin x)' = -\cos x = 2a_2 + 3 \cdot 2a_3 x + 4 \cdot 3a_4 x^2 + \cdots\cdots$③

③式のxに0を代入。

$-\cos 0 = -1 = 2a_2 \qquad a_2 = -\dfrac{1}{2!}$

さらに③式を微分。

$(-\cos x)' = \sin x = 3 \cdot 2a_3 + 4 \cdot 3a_4 x + \cdots\cdots$④

④式に$x = 0$を代入。

$\sin 0 = 0 = 3 \cdot 2a_3$

$a_3 = 0$

さらに④式を微分。

$(\sin x)' = \cos x = 4 \cdot 3 \cdot 2a_4 + 5 \cdot 4 \cdot 3 \cdot 2a_5 x \cdots\cdots$

再び$\cos x$が出てきました。こうして微分を繰り返すと左辺は、

$$(\cos x \to -\sin x \to -\cos x \to \sin x) \to (\cos x \to -\sin x \to -\cos x \to \sin x) \to \cdots\cdots$$

このように4つずつの周期となることがわかります。

したがって、$\cos x$をxの高次式で表すと、

$$\cos x = \frac{1}{0!} - \frac{1}{2!}x^2 + \frac{1}{4!}x^4 - \frac{1}{6!}x^6 \cdots\cdots$$

となります。

$\sin x$も同様の手順で求められますが、今せっかく$\cos x$を出したのだから、$(\cos x)' = -\sin x$を利用して、

$$\cos x = \frac{1}{0!} - \frac{1}{2!}x^2 + \frac{1}{4!}x^4 - \frac{1}{6!}x^6 + \frac{1}{8!}x^8 \cdots\cdots$$

この両辺を微分すると、

$$(\cos x)' = -\sin x = 2\cdot\frac{1}{2!}x + 4\cdot\frac{1}{4!}x^3 - 6\cdot\frac{1}{6!}x^5$$

$$+8\cdot\frac{1}{8!}x^7\cdots\cdots$$

-1をかけて、また$\frac{n}{n!}=\frac{1}{(n-1)!}$だから、

$$\sin x = \frac{1}{1!}x - \frac{1}{3!}x^3 + \frac{1}{5!}x^5 - \frac{1}{7!}x^7\cdots\cdots$$

ついに山頂へ！

$y=e^x$、$y=\cos x$、$y=\sin x$をxの高次式で表したものを整理してみましょう。

$$e^x=\frac{1}{0!}+\frac{1}{1!}x+\frac{1}{2!}x^2+\frac{1}{3!}x^3+\frac{1}{4!}x^4+\frac{1}{5!}x^5+\frac{1}{6!}x^6$$

$$\cos x=\frac{1}{0!}\qquad-\frac{1}{2!}x^2\qquad+\frac{1}{4!}x^4\qquad-\frac{1}{6!}x^6$$

$$\sin x=\qquad\frac{1}{1!}x\qquad-\frac{1}{3!}x^3\qquad+\frac{1}{5!}x^5\cdots\cdots$$

これらをよーく眺めて見ると、$e^x=\cos x+\sin x$になっていそうでなってない。でも、とっても惜しい。

そこで、この式のxは変数なのだから、どんな数字を入れても構わない。実数なら誰も文句は言わないはずです。では、唐突かつ大胆ですがxに$i\theta$を代入してみます（複素数を指数に使うのは自由ですが、複素数を指数に使う場合の定義、そして、そう定義することによっていかに整合性が保たれるかについては厳密な議論が必要です。ここではその議論は割愛して「認めてお願い」と懇願してスルーさせてもらいます）。

すると、

$$e^{i\theta}=\frac{1}{0!}+\frac{1}{1!}i\theta+\frac{1}{2!}(i\theta)^2+\frac{1}{3!}(i\theta)^3+\frac{1}{4!}(i\theta)^4$$
$$+\frac{1}{5!}(i\theta)^5+\frac{1}{6!}(i\theta)^6\cdots\cdots$$

$i^2=-1$、$i^4=1$、xをθにして、$\sin x$の式には両辺にiをかけると、

$$e^{i\theta}=\frac{1}{0!}+\frac{1}{1!}i\theta-\frac{1}{2!}\theta^2-\frac{1}{3!}i\theta^3+\frac{1}{4!}\theta^4+\frac{1}{5!}i\theta^5$$

$$\cos\theta=\frac{1}{0!}\qquad-\frac{1}{2!}\theta^2\qquad+\frac{1}{4!}\theta^4$$

$$i\sin x=\qquad\frac{1}{1!}i\theta\qquad-\frac{1}{3!}i\theta^3\qquad+\frac{1}{5!}i\theta^5$$

となって、見事に、

$$e^{i\theta}=\cos\theta+i\sin\theta$$

導けました！　そしてθにπを代入すると、$\cos\pi=-1$、$\sin\pi=0$なので、

$$e^{i\pi}=-1$$

登頂です！！　おめでとうございます！！

ド・モアブルの定理によるアプローチ 動画▶Vol.19

これから記すのはド・モアブルの定理、$(\cos\theta+i\sin\theta)^n=\cos n\theta+i\sin n\theta$を利用して、$e^{i\theta}=\cos\theta+i\sin\theta$を導こうというものであり、個人的にはすっきり綺麗でエレガントだと思っているのですが、どうやら数学的議論としては雑で専門家からは叱られてしまう内容であることをご承知おきください。

eの定義は、$e=\lim_{n\to\infty}\left(1+\frac{1}{n}\right)^n$。これと似た次の式の値を考えてください。

$$\lim_{n\to\infty}\left(1+\frac{2}{n}\right)^{n}$$

eは$\lim_{n\to\infty}\left(1_{\text{ア}}+\frac{1_{\text{イ}}}{n_{\text{ウ}}}\right)^{n_{\text{エ}}}$の式のアとイが共に1で、ウとエが同じ値で無限大であればいいということです。

$$\lim_{n\to\infty}\left(1+\frac{2}{n}\right)^{n}$$

一方、この式はイの部分が2となっているのでeではありません。しかし、eとは密接な関係がありそうです。

イの部分は分子なので、分数の分母・分子は0以外の数なら何をかけても割っても構わないため、2で割ればイの部分は1となり、アとイが共に1という条件を満たします。

$$\lim_{n\to\infty}\left(1+\frac{1}{\frac{n}{2}}\right)^{n}$$

すると、今度はウとエは共に無限大ではありますが「同じ」という条件を満たさなくなります。そこで、

$$\lim_{n\to\infty}\left(1+\frac{1}{\frac{n}{2}}\right)^{\frac{n}{2}\times 2}$$

このように変形すれば、

$$\left\{\lim_{n\to\infty}\left(1+\frac{1}{\frac{n}{2}}\right)^{\frac{n}{2}}\right\}^{2}$$

となり、

$$\lim_{n\to\infty}\left(1+\frac{2}{n}\right)^{n}=e^{2}$$

と導くことができます。2をaに替えれば一般的に、

$$\lim_{n\to\infty}\left(1+\frac{a}{n}\right)^{n}=e^{a}$$

といっていいでしょう。

そこでaに$i\theta$を代入してもいいんじゃないか（ここが専門家から叱られるところ。指数に複素数を何の議論もなしに用いている点が数学的に雑。でも、ここでは認めていいということにしていただきます）。

$$e^{i\theta}=\lim_{n\to\infty}\left(1+\frac{i\theta}{n}\right)^n$$

ところで、$\displaystyle\lim_{n\to\infty}\frac{\theta}{n}=0$であり、したがって、

$\displaystyle\lim_{n\to\infty}\cos\frac{\theta}{n}=1$ また、$\displaystyle\lim_{x\to 0}\frac{\sin x}{x}=1$より、

$\displaystyle\lim_{n\to\infty}\frac{\sin\frac{\theta}{n}}{\frac{\theta}{n}}=1$、$\displaystyle\lim_{n\to\infty}\sin\frac{\theta}{n}=\lim_{n\to\infty}\frac{\theta}{n}=0$なので、

$$e^{i\theta}=\lim_{n\to\infty}\left(1+\frac{i\theta}{n}\right)^n=\lim_{n\to\infty}\left(\cos\frac{\theta}{n}+i\sin\frac{\theta}{n}\right)^n$$

ド・モアブルの定理より、

$$e^{i\theta}=\lim_{n\to\infty}\left(\cos\frac{\theta}{n}\times n+i\sin\frac{\theta}{n}\times n\right)=\cos\theta+i\sin\theta$$

と導けました。

第8章

オイラーが解いた「バーゼル問題」

出題から90年後にオイラーが解いた謎 動画▶Vol.20

これで、人類の至宝「$e^{i\pi}=-1$」を2つのアプローチで示すことができました。

途中に出てきた式、

$$\sin x=\frac{1}{1!}x-\frac{1}{3!}x^{3}+\frac{1}{5!}x^{5}-\frac{1}{7!}x^{7}\cdots\cdots$$

これを利用して、平方数の逆数の和を求めてみます。平方数の逆数の和とは次のような式で表されます。

$$\lim_{n\to\infty}\left(\frac{1}{1^{2}}+\frac{1}{2^{2}}+\frac{1}{3^{2}}+\frac{1}{4^{2}}+\cdots\cdots+\frac{1}{n^{2}}\right)=\sum_{n=1}^{\infty}\frac{1}{n^{2}}$$

この問題はオイラーによって出題から90年余り経って解決されました。この計算は円とは一見関係なさそうなのに、結果にはπが登場するという不思議なことが起こります。

これからお話しするのはオイラーがこの式の値を予

想した筋道であって、証明にはなっていない点はご承知おきください。大天才オイラーがこの結論を予想してから証明するまでに10年前後かかったそうなので、証明は難解で私にはできませんが、予想の経緯は説明できるのでついてきてください。

まず、この式の値は$\frac{\pi^2}{6}$になるのですが、分母・分子は自然数ばかりなのに、結果ではπが登場すること自体が変な感じです。さらにπを2乗している点にも違和感を覚えます。入試問題の答えにπ^2が出てきたら、計算ミスを疑うのが普通の感覚です。よっぽど人為的に作られた計算問題でもない限りπを2乗することはまずありません。

天才オイラーは、この式の値を予想するために$\sin x$の関数を用いました。よくそんな発想が浮かぶものだと、つくづく感心します。将棋の羽生善治永世七冠は時々「羽生マジック」と呼ばれる妙手を指しますが、その手がプロ棋士をもってして「私が一生考えても想い浮かばない手ですね」と言わせしめるように、大天才はやはり凡人とは違う人間なのかもしれません。凡人はそういった大天才の発想を後からご相伴にあずかる他ないでしょう。

$\sin x$のグラフは下の図29のような正弦カーブで、x軸と原点及び$\pm\pi$、$\pm 2\pi$、$\pm 3\pi$……$\pm n\pi$で交わります。

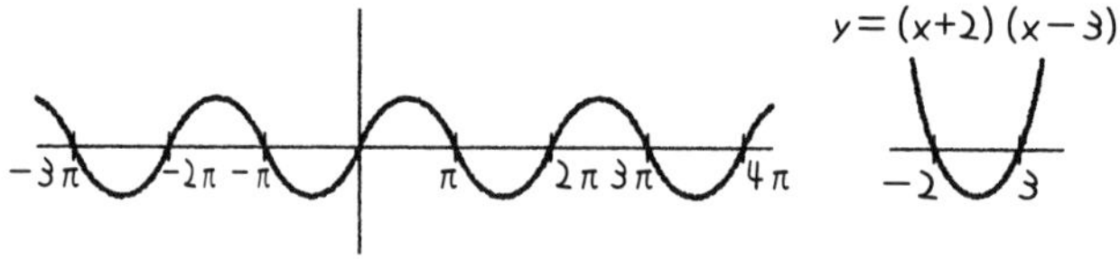

図29　$\sin x$のグラフ

例えば、x軸と$x=-2$と$x=3$とで交わる放物線は$y=(x+2)(x-3)$と因数分解されるように、x軸と0、$\pm\pi$、$\pm 2\pi$、$\pm 3\pi$、$\pm 4\pi$……$\pm n\pi$で交わるsinカーブは、

$$y=x(x-\pi)(x+\pi)(x-2\pi)(x+\pi)(x-3\pi)\cdots\cdots(x+n\pi)\quad\cdots\cdots①$$

と因数分解されるのではと考えられますが、$\sin x$をxの高次式で表した式は、

$$\sin x=\frac{1}{1!}x-\frac{1}{3!}x^3+\frac{1}{5!}x^5-\frac{1}{7!}x^7\cdots\cdots②$$

であるはずです。

ところが、①の式を展開するとxの一次の項は、

$$x(-\pi)\pi(-2\pi)2\pi(-3\pi)\cdots\cdots$$

となり、②の式のxの一次の係数である1と一致しません。

そこでオイラーは考えました（天才ですから）。xに$\pm n\pi$を代入したら0になり、しかも展開した時のxの一次の係数が1となるような工夫はないかと。

まずは、

$$y=x(x-\pi)(x+\pi)(x-2\pi)(x+2\pi)(x-3\pi)(x+3\pi)$$

$$\cdots\cdots(x+n\pi)$$

この式のすべてのカッコの中身の前後を入れ替えます。

$$y=x(\pi-x)(\pi+x)(2\pi-x)(2\pi+x)(3\pi-x)(3\pi+x)\cdots\cdots(n\pi+x)$$

こうしてもxに0、$\pm\pi$、$\pm 2\pi$、$\pm 3\pi\cdots\cdots\pm n\pi$を代入しても右辺は0になります。

次に、例えば$2\pi-x$に$x=2\pi$を代入すれば0になります。0なら何で割っても（0を除く）結果は0なので、$2\pi-x$を2πで割ります。そうして得られた式が、

$$1-\frac{x}{2\pi}$$

同様の作業をすべてのカッコで行って得られた式が以下です。

$$y=x\left(1-\frac{x}{\pi}\right)\left(1+\frac{x}{\pi}\right)\left(1-\frac{x}{2\pi}\right)\left(1+\frac{x}{2\pi}\right)$$
$$\left(1-\frac{x}{3\pi}\right)\left(1+\frac{x}{3\pi}\right)\cdots\cdots\left(1+\frac{x}{n\pi}\right)\cdots\cdots③$$

さあどうでしょうか。

xに0、$\pm\pi$、$\pm 2\pi$、$\pm 3\pi$、$\pm 4\pi$……$\pm n\pi$を代入したら0になりますね。

そして、展開したときのxの一次の係数はどうでしょうか？

1になっていますね。

ということは、②の式と③の式はともに$x=0$、$\pm\pi$、$\pm 2\pi$、$\pm 3\pi$、$\pm 4\pi$……$\pm n\pi$でx軸と交わり、xの一次の係数が一致するので同じ式であると……しかし、そうとは言い切れないのです。だからあくまで予想なのですが、一致するとしましょう。

それならば、xの3次の係数も一致するはずです。

③の式の隣同士のカッコをかけてみると、和と差の積の公式を利用して、

$$y=x\left(1-\frac{x^2}{\pi^2}\right)\left(1-\frac{x^2}{2^2\pi^2}\right)\left(1-\frac{x^2}{3^2\pi^2}\right)\left(1-\frac{x^2}{4^2\pi^2}\right)$$

$$\cdots\cdots\left(1-\frac{x^2}{n^2\pi^2}\right)$$

そして③の式を展開すると（A、B、C、Dはとある整数）、

$$y=x-\frac{x^3}{\pi^2}\left(\frac{1}{1^2}+\frac{1}{2^2}+\frac{1}{3^2}+\frac{1}{4^2}\cdots\cdots+\frac{1}{n^2}\right)$$

$$+\frac{x^5}{A\pi^4}B-\frac{x^7}{C\pi^6}D+\cdots\cdots$$

②の式と③の式が一致するとするならば、xの3次の係数が一致するはずなので、それぞれの係数部分を取り出して＝でつなぎます。

$$-\frac{1}{3!}=-\frac{1}{\pi^2}\left(\frac{1}{1^2}+\frac{1}{2^2}+\frac{1}{3^2}+\frac{1}{4^2}\cdots\cdots+\frac{1}{n^2}\right)$$

両辺に$-\pi^2$をかけると、

$$\frac{\pi^2}{6}=\left(\frac{1}{1^2}+\frac{1}{2^2}+\frac{1}{3^2}+\frac{1}{4^2}\cdots\cdots+\frac{1}{n^2}\right)$$

と得られました。オイラーはこうした経路によって、「バーゼル問題」の解を予想したのだと思われます。そうして証明に着手したのです。

以上で、高校時代に数学0点を連発していた凡人が、人類史上最強の数学者オイラーの頭脳のほんのごく一部を覗く試みを終わりにしたいと思います。最後までお読みいただき、そして動画を併用された方はご覧くださりありがとうございました。

おわりに

私は塾講師時代に、生徒たちから「数学って何の役に立つんですか？」と幾度となく聞かれました。私がその都度返してきた答えは、「何の役にも立たないよ」でした。それは紛れもない事実だからです。

このように書くと身も蓋もなく感じられますが、その質問をしてくる生徒の本意は、「二次方程式が解けないと仕事に支障が生じるんですか？」「関数が分からないと就職できないんですか？」です。要するに、数学を勉強したら金になるのか、できなければ路頭に迷うのかということが聞きたいのです。なので、それについては、「ピアノや野球などと同じで、プロでそれを生業《なりわい》としている人なら腕が良ければ金が稼げるし、下手になったら苦しくなるが、その他の仕事をしている人がピアノや野球が下手だからといってクビにならないのと同じで、数学を全く必要としない仕事はいくらでもあり、そういった職に就くなら数学ができなくても何の支障もないよ、その意味では数学は役に立たないよ」と答えてきたまでです。

では、プロでない人がピアノを上手に弾けることには価値がないのでしょうか。私はピアノが全く弾けませんが、ピアノが上手に弾けたらいいなと妄想することはしょっちゅうあります。もちろん上手に弾いて金儲けしようなんて気持ちはさらさらなく、単にピアノが弾けたら人生が少し豊かになると思うからです。一方、運動は野球以外に好きなものがあるので、野球が上手くなりたいと願うことはありません。

私の例で恐縮ですが、数学もここでのピアノや野球と同じような位置付けでいいと思います。好きならやる、嫌いならやらない。そして、好きなことが上手くできたら人生が少し豊かになったと思える。それだけのことです。

例えば、本書でも取り上げた二次方程式の「解の公式」。かつて著名な女性作家が、「二次方程式などは社会へ出ると何の役にも立たないので、このようなものは追放すべきだ」と発言したことをきっかけに、中学校の教科書から解の公式が削除されたことがありました。この発言の「二次方程式などは」の部分を「あなたの著書などは」に代えても、同レベルの意見として通じることがこの女性作家はわからなかったのでしょうか。二次方程式という限定付きだから受け入れられたのかもしれませんが、理屈の上ではもう少し範囲を広げて「数学などは社会へ出て何の役にも立たないので、このようなものは追放すべきだ」としても通ることになります。

私は、数学もその他のすべての勉強や芸術、スポーツと同じく、「好きならやる、嫌いならやる必要はない」と考えています。だからといって、数学が嫌いな子も多くいる学校という場から数学を排除していいとは思いません。人気がなく、将来の仕事に直接役に立つことのない科目（その他ありとあらゆる活動）をすべて排除してしまったら、学校で習うことは何一つなくなってしまいます。

当然ながら私たちは皆違います。多種多様な人が集まる場が学校です。何が好きで何が嫌いか、何が得意か、それはすべて体験してみないことにはわかりません。だから、学校ではすべての生徒にできるだけ多くの体験をさせるべきで、その中からそれぞれが得意な分野、好きなことを見つければいいのです。

解の公式を導くことによってすべての二次方程式が解けることに感動を覚える人も必ずいるはずです。そしてその中から、「では三次方程式は？　四次方程式はどうなの？」と考える人も出てくるかもしれません。少数だからといってそれを教科書から排除してしまっては、解の公式を導く過程に感動したり3次方程式の解の公式を考えようとする可能性の芽を摘んでしまうことになります。

受験のために公式を丸暗記して答えを出すだけに終始し、数学に対して嫌悪感を持っている人はそもそも本書を手に取らないでしょう。ここまで読んでいただいた方は、二次方程式の解の公式を「導く過程」のほうに関心があると思います。「人類の至宝」と言われるオイラーの等式「$e^{i\pi}=-1$」の理解まで、階段を一歩一歩上るようにステップを積み上げていく本書の試みが、皆様の心の豊かさに少しでも寄与できたなら幸いです。

最後に、本書の内容の監修にご協力くださった栗崎義紀さんにこの場を借りて感謝申し上げます。

鈴木貫太郎

鈴木貫太郎（すずきかんたろう）

1966年2月生まれ。県立浦和高校に進学。勉強は高校受験で燃え尽きて高校時代は完全落ちこぼれ。数学は0点連発、成績は学年ビリ（456位／456人）。2浪して早稲田大学入学（社会科学部）。在学中に始めた塾講師（算数・数学）のアルバイトから正社員になり大学は中退。講師時代は過去問を徹底研究。次男が生まれたのを機に専業主夫。2017年からYouTube投稿を始める。授業形式の動画1本で100万回再生を日本で一番早く達成。
本書の解説動画URL：https://youtu.be/Trks0NNvGws

中学《ちゅうがく》の知識《ちしき》でオイラーの公式《こうしき》がわかる

2020年1月30日初版1刷発行
2021年6月30日　　2刷発行

著　者 ── 鈴木貫太郎
発行者 ── 田邉浩司
装　幀 ── アラン・チャン
印刷所 ── 萩原印刷
製本所 ── ナショナル製本
発行所 ── 株式会社 光文社
東京都文京区音羽1-16-6（〒112-8011）
https://www.kobunsha.com/
電　話 ── 編集部03(5395)8289　書籍販売部03(5395)8116
業務部03(5395)8125
メール ── sinsyo@kobunsha.com

 ISBN 978-4-334-04456-5

1012

女医問題ぶった斬り!

女性減点入試の真犯人

筒井冨美

医学部人気の過熱で女医率も高まる中、なぜ「女医は要らない」と言われてしまうのか。女医は医療崩壊の元凶か、救世主となるか？ フリーランスの麻酔科女医が舌鋒鋭く分析する。

978-4-334-04418-3

1013

喪失学

「ロス後」をどう生きるか?

坂口幸弘

家族やペットとの死別、病、老化……私たちは「心の穴」とともに歩んで行く。死生学、悲嘆ケアの知見、当事者それぞれの向き合い方を学ぶ。過去の喪失から自分を知るワーク付き。

978-4-334-04419-0

1014

「ことば」の平成論

天皇、広告、ITをめぐる私社会学

鈴木洋仁

天皇陛下のおことば、ITと広告をめぐる言説、野球とサッカーが辿った道……。「平成」の形を、同時代に語られた「ことば」を基に探る極私的平成論。本郷和人氏推薦。

978-4-334-04420-6

1015

「家族の幸せ」の経済学

データ分析でわかった結婚、出産、子育ての真実

山口慎太郎

母乳育児や3歳児神話……。出産や子育てにおいて幅をきかせるエビデンス（科学的根拠）を一切無視した「思い込み」を、気鋭の学者が最先端の経済学の手法で徹底的に論破する。

978-4-334-04422-0

1016

不登校・ひきこもりの9割は治せる

1万人を立ち直らせてきた3つのステップ

杉浦孝宣

「8050問題」につながる若者の不登校・ひきこもりという社会課題に30年以上向き合ってきた教育者が語る、親子で生活を立ち直らせるための3ステップ。

978-4-334-04424-4

光文社新書

1017

教養としてのロック名盤ベスト１００

川﨑大助

現代人の基礎教養とも言えるロック名盤１００枚を、これまでにない切り口で紹介・解説。著者の主観・忖度抜き、科学的な手法で得られた驚愕のランキングの１位は？

978-4-334-04425-1

1018

発掘！ 歴史に埋もれたテレビＣＭ

見たことのない昭和30年代

高野光平

こんなモノがあったのか！ ナゾだらけの草創期テレビＣＭの実態とは？ 「名作」とはひと味ちがう、無名の発掘物でたどる「もうひとつのテレビＣＭ史」。ＣＭ史研究の第一人者が解き明かす。

978-4-334-04426-8

1019

なぜ女はメルカリに、男はヤフオクに惹かれるのか？

アマゾンに勝つ！ 日本企業のすごいマーケティング

田中道昭　牛窪恵

日本企業は、なぜマーケティングでアマゾンに対抗することができるのか？ アマゾン分析の第一人者と、トレンド研究の第一人者が、マーケティングの秘策を徹底解説する一冊。

978-4-334-04427-5

1020

日常世界を哲学する

存在論からのアプローチ

倉田剛

「空気」って何？ 「ムーミン谷」はどこ？ 「パワハラ」の在り方とは？ 安倍内閣の「信念」って!? 当たり前を疑えば日常風景が変わる。「在《あ》る」をとことん考える哲学の最前線へ！

978-4-334-04428-2

1021

がん検診は、線虫のしごと

精度は9割「生物診断」が命を救う

広津崇亮

尿一滴で線虫が早期がんを高精度に検知する！ 驚異の検査法「Ｎ－ＮＯＳＥ」はがん医療をどう変えるか。産みの親である研究者が、自身の歩みやがん検診・治療の今後を伝える。

978-4-334-04429-9

光文社新書

1022

不登校からメジャーへ
イチローを超えかけた男

喜瀬雅則

日大藤沢高校→不登校・引きこもり・留年・高校中退→渡米→新宿山吹高校（定時制）→法政大学→渡米——異色のベースボールプレーヤーのチャレンジし続ける生き様を活写！

978-4-334-04430-5

1023

掘り起こせ！ 中小企業の「稼ぐ力」
地域再生は「儲かる会社」作りから

小出宗昭

年間相談数4千超の富士市の企業支援拠点・エフビズ。そのモデルは今や全国に広がる普遍的方策だ。真の「強み」を見つけ、儲けに変えるノウハウを直伝。藻谷浩介氏との対談つき。

978-4-334-04423-7

1024

「マニュアル」をナメるな！
職場のミスの本当の原因

中田亨

ミスが多発する現場には、「駄目なマニュアル」があった！長年、人間のミスの研究を続ける著者が、マニュアル作りに悩む人のために、すぐに使える具体的なテクニックを紹介。

978-4-334-04431-2

1025

江戸の終活
遺言からみる庶民の日本史

夏目琢史

天下泰平の世に形成された「家」は肉親の死を身近にし、最期を悟った者は自らの教訓を込めて遺書を記した。近世人の言葉から当時の生き方と社会を読み取り、歴史学を体感する。

978-4-334-04433-6

1026

ビタミンDとケトン食 最強のがん治療

古川健司

末期がん患者さんの病勢コントロール率83％の「免疫栄養ケトン食」。そこにビタミンDの補給が加わることで、予想を超える効果が。学会も注目する臨床研究の結果を初公開！

978-4-334-04435-0

1027

死に至る病
あなたを蝕む愛着障害の脅威

岡田尊司

豊かになったはずの社会で、生きづらさを抱え、心も身体も苦しく、死にたいとさえ思う人が増え続ける理由は？　我々が直面する「生存を支える仕組みそのものの危機」を訴える。

978-4-334-04436-7

1028

自画像のゆくえ

森村泰昌

画家はなぜ自画像を描くのか。自撮り／セルフィー時代の「わたし」とは？　自画像的写真をつくりつづけてきた美術家が、約六〇〇年の歴史をふまえて綴る、「実践的自画像論」。

978-4-334-04437-4

1029

患者よ、医者から逃げろ
その手術、本当に必要ですか？

夏井睦

キズ・ヤケドの湿潤療法の創始者が、今も変わらない酷《ひど》い治療をメッタ斬り。豊富な症例写真を交えつつ、痛みや創感染、骨髄炎や院内感染の闇と真実に迫り、人体の進化史の新説も展開。

978-4-334-04438-1

1030

運気を磨く
心を浄化する三つの技法

田坂広志

あなたは、自分が「強運」であることに気がついているか／なぜ、志や使命感を持つ人は『良い運気』を引き寄せるのか――最先端量子科学が解き明かす「運気」の本質。

978-4-334-04439-8

1031

あなたのメールは、なぜ相手を怒らせるのか？
仕事ができる人の文章術

中川路亜紀

何かをお願いするとき、逆に何かを断るとき、あるいはお詫びするとき、できるだけ「短くて気持ちのいいメール」を書くにはどうすればいいのか。その秘訣と文例を大公開する。

978-4-334-04440-4

1032

なぜ「つい買ってしまう」のか？

「人を動かす隠れた心理」の見つけ方

松本健太郎

どの商品・サービスも「大体同じ」な今の時代に、人々が心の底から「欲しい」と思うものをどうすれば作れるのか？　気鋭のマーケターが「インサイト」に基づくアイデア開発を伝授。

978-4-334-04441-1

1033

データでよみとく

外国人〝依存〟ニッポン

NHK取材班

新宿区、新成人の2人に1人が外国人――。外国人の労働力、消費力に〝依存〟する日本社会の実態を豊富なデータと全国各地での取材を基に明らかにする。

978-4-334-04432-9

1034

売れる広告　7つの法則

九州発、テレビ通販が生んだ「勝ちパターン」

電通九州・香月勝行
妹尾武治
分部利紘

「作品」としての「広告」ではなく「売れる」広告を作るには？　通販広告のプロと心理学者2名がタッグを組んで、「売れる」鉄板法則と「A・I・D・E・A（×3）」モデルを徹底解説。

978-4-334-04442-8

1035

生命保険の不都合な真実

柴田秀並

人の安心を守るために生まれた生命保険が、人の安心を奪う――。大手や外資、かんぽ生命などの相次ぐ不祥事の背景にある、顧客軽視の販売構造と企業文化を暴く。

978-4-334-04443-5

1036

恥ずかしながら、詩歌が好きです

近現代詩を味わい、学ぶ

長山靖生

詩を口ずさみたくなるのは若者だけではない。歳を重ねたからこそ心に沁みる詩歌がある――。時代を作ってきた近現代詩歌を引きつつ、詩人たちの実人生と共にしみじみと味わう。

978-4-334-04444-2

光文社新書

1042

東大医学部卒ママ医師が伝える

科学的に正しい子育て

森田麻里子

ママであり医師でもある著者が、医学論文約１７０本を徹底リサーチして生まれた、いま最も「使える」育児書。世界の最新研究を知るだけで、もう育児に迷わない！　楽になる！

978-4-334-04452-7

1043

アルゲリッチとポリーニ

ショパン・コンクールが生んだ２人の「怪物」

本間ひろむ

「生きる伝説」２人はどんな人生を歩み、演奏スタイルを追求してきたのか。音楽的事象を軸に綴りながら、20世紀後半から現在までのクラシック音楽史を描き出す。【名盤紹介付き】

978-4-334-04453-4

1044

アイロニーはなぜ伝わるのか？

木原善彦

「言いたいことの逆」を言っているのに、なぜ相手に意図が伝わるのか？　人間が操る修辞の、技術的な結晶であるアイロニーの可能性を、古今東西の文学を通じて探っていく。

978-4-334-04454-1

1045

21世紀落語史

すべては志ん朝の死から始まった

広瀬和生

「志ん朝の死」で幕を開けた21世紀の落語界。その現在に至るまでの出来事を、落語ファンとして客席に足を運び続けた立場から振り返り綴る。「激動の時代」を後世に伝える一冊。

978-4-334-04455-8

1046

中学の知識でオイラーの公式がわかる

鈴木貫太郎

天才の数式は最低限の知識で誰でもわかる。数学０点で再生２２００万回超のユーチューバーが保証。動画もあるから迷わない。目指すのは丸暗記ではなく真の理解。予習ナシで今出発！

978-4-334-04456-5